シリーズ「遺跡を学ぶ」090

銀鉱山王国
石見銀山

遠藤浩巳

新泉社

銀鉱山王国
―石見銀山―

遠藤浩巳

【目次】

装幀 新谷雅宣
本文図版 松澤利絵

第1章　「銀鉱山王国」

1　一六世紀の輝き

一六世紀後半、ヨーロッパで作成された地図に、日本列島の西日本あたりに「銀鉱山王国」「銀鉱山」と記した地図が数点ある（図1）。この時期、東アジア進出を企てたポルトガルを中心とした国々が宣教師や貿易商人などからの情報を元に制作したもので、記された銀鉱山は石見銀山と考えられている。

この時期、石見銀山は日本の銀生産をリードし、海外にむけて大量の銀が運びだされた。東アジア地域において、世界史的に重要な経済・文化交流を生みだした銀鉱山として輝きを放っていた。

フランシスコ＝ザビエルは、一五五二年にインドのゴアからポルトガルのシモン＝ロドリゲス神父に宛てた手紙のなかで「カスチリア人は、此の島々（日本）を、プラタレアス群島（銀の島）と呼んでいる」と記している。

また一七世紀はじめのイギリスやオランダの文献には、日本からSomo（ソモ）あるいはSoma（ソーマ）とよぶ高品位な銀が大量に搬出されたとある。これはおそらく、石見銀山が当時、佐摩《さま》村にあったことで佐摩銀山ともよばれたことから、石見銀であると考えられている。

いずれにしても、石見銀は、中国の巨大な銀需要の求心力によって、ポルトガルに代表されるヨーロッパ諸国や倭寇《わこう》勢力などによって搬出され、東アジア地域での交易・交流を生みだし、世界史の舞台に登場するのである。

図１●オルテリウスによる「タルタリア（韃靼）図」にみえる石見銀山
フランドルの地図制作者オルテリウスが描いたもので、右下の「IAPAN」と書かれた西日本らしき土地に、「Minas de plata（銀鉱山）」とある。

2　世界遺産としての価値

「逆転」登録に安堵感

石見銀山遺跡は二〇〇七年に世界遺産に登録され、今年（二〇一三年）で六年が経過した。当時、石見銀山を登録するかどうか審査したユネスコの諮問機関イコモス（ＩＣＯＭＯＳ）は、登録延期が適当であると勧告していたが、世界遺産委員会では環境への配慮（共生）が評価され、劇的な「逆転」登録となった。そのことで、市民・県民、県内外の関係者の歓びはこれまでになく熱く盛りあがったことは、これからも忘れることはないだろう。

ふりかえってみると、登録手続きを進めた担当者の一人としては、そのときは歓びより大きな仕事をなしとげた安堵感がまさっていた。なぜなら、これまでの調査研究の成果から石見銀山遺跡は日本を代表する鉱山遺跡であり、その歴史は一六世紀後半から一七世紀初頭に世界史的意義があることはわかっていたが、そのことを世界遺産の価値基準で証明し、説明するというたいへんな作業が求められていたからである。そして銀鉱山跡である石見銀山遺跡の価値を理解してもらうには、銀が生産され、運ばれ、使われる、というストーリー性で説明する必要があった。

石見銀山遺跡とその文化的景観

登録後の現在のようすは以前とはずいぶん変わった。遺跡ガイドとともにトレッキングする人が増え、歩き、見て、学ぶというスタイルが定着した。また短時間で全体を見ることは不可能なので、ガイダンス施設「石見銀山世界遺産センター」で全体を理解し、家族・グループなどがそれぞれのプランで見学するようになった。ここに石見銀山遺跡の持続可能な保存と活用の方向性が示されている。

世界遺産に指定されている範囲はひろく、史跡・重要文化財(建造物)・重要伝統的建造物群保存地区の一四の資産から構成されている(図3)。

銀鉱山跡はほぼ現在の島根県大田《おおだ》市大森《おおもり》町に位置する。町の北側に代官所跡がある(図4)。ここは江戸時代に幕府直轄領となった「石見銀

図2 ● 北から南方向へ石見の山並みを望む
中央に仙ノ山と要害山があり、2つの山にはさまれた谷間が大森の町並み。左手奥から中央にかけて中国山地がつらなり、右手奥に日本海がわずかにみえる。

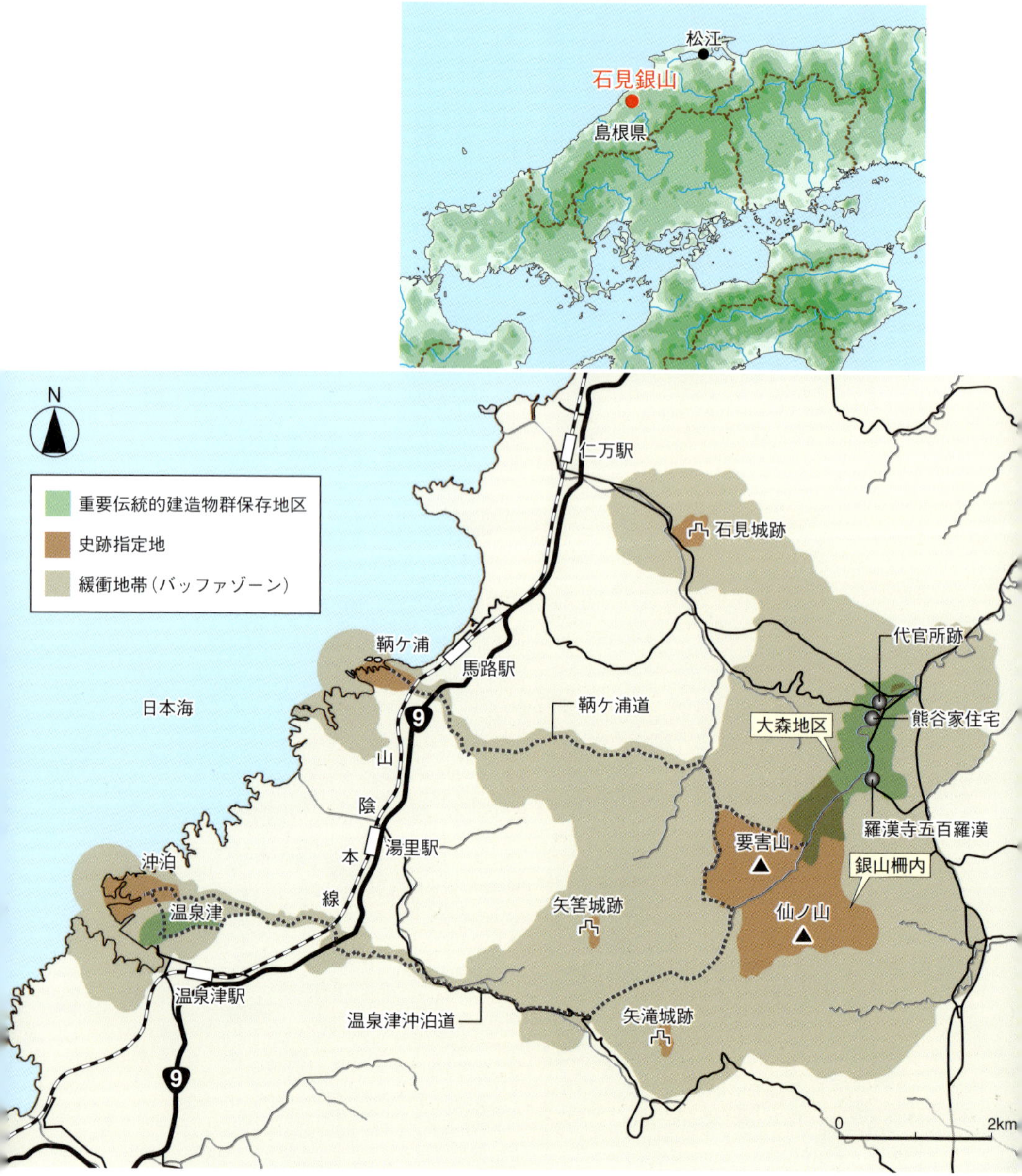

図3 • 世界遺産「石見銀山遺跡とその文化的景観」
東西に長い島根県のほぼ中央、日本海から直線距離で約8kmの地点に石見銀山はある。世界遺産は「銀鉱山跡と鉱山町」「港と港町」「街道」の3分野で構成され、14の資産がある。

山附御料《つきごりょう》」約一五〇カ村を治めた役所跡である。表門からなかに入り南を望むと、約三キロ先にある銀鉱山跡、緑におおわれた仙《せん》ノ山《やま》が眺望できる。

代官所跡から南に歩き町並みに入ると、江戸時代から近代にかけての歴史的建造物がよく保存され、「大森銀山重要伝統的建造物群保存地区」に選定されている。とくに大森区域の延長約一キロの町並みは、武家と町屋、さらには寺社が混在し、それが周囲の自然景観と調和した独特な景観となっている（図５）。町並みをすぎるといよいよ銀鉱山跡に入る。江戸時代初期、銀山町は柵列でかこまれ、銀鉱山の支配と管理がおこなわれていた。この範囲が史跡「銀山柵内《ぎんざんさくのうち》」である。指定面積は三二〇ヘクタールで、この範囲に仙ノ山を中心とする銀鉱山跡と戦国時代に銀山支配・守備の拠点であった山吹城《やまぶき》跡がある。戦国時代から江戸時代へ、さらには近代へと、各時代の鉱山遺跡が重なりあい、複合的な性格をもつ遺跡群が濃密に存在している。

とくに銀山柵内では、坑道の坑口などを地表の遺跡としてみることができるが、

図４●大森代官所跡
表門と門長屋は1815年（文化12）の普請。当時は、近くに御銀蔵、向陣屋、仲間長屋などがあった。

遺跡群のほとんどは地下にある。石見銀山では坑道のことを間歩《まぶ》とよんでいて、現在、龍源寺《りゅうげんじ》間歩と大久保《おおくぼ》間歩（図6）が見学できる。

さらに銀鉱山跡の周辺には、戦国期の山城跡、街道、銀を搬出した港の鞆ケ浦《ともがうら》と沖泊《おきどまり》がある。鞆ケ浦は仁摩《にま》町馬路《まじ》にあり、銀山開発の初期に銀鉱石を博多に積みだした港湾で、銀山からは街道で約七キロほどである。沖泊（図8）は温泉津《ゆのつ》湾の入口付近にある港湾で、銀山からは街道で約一二キロ離れている。一六世紀後半にはここから銀を搬出した。

二つの港湾の入り江の岩盤には、船を係留するとも綱を結ぶために自然の岩盤を加工した「鼻ぐり岩」が残っている（図8）。沖泊では三八カ所確認されている。

なぜ石見銀山遺跡は世界遺産なのか

冒頭に記した世界史的な価値とともに、石見銀

図5 ● 仙ノ山から大森の町並みを望む
狭隘な谷間に武家と町家が軒をつらねている。
石州瓦の赤と森の緑のコントラストが美しい。

山遺跡が世界遺産となった価値のひとつが、「伝統的技術による銀生産方式を豊富で良好にのこすこと」である。石見銀山では、採鉱から製錬までの作業がすべて人力・手作業という労働集約的な小規模経営でおこなわれた。そして、それらが多数集まることによって、高品質の銀の大量生産を可能にした。

この生産方法は自然環境の改変を最小限にとどめ、鉱山開発を持続可能なものとした。その痕跡は六〇〇カ所以上の露頭掘《ろとうぼ》り跡・坑道跡や、一〇〇〇カ所以上の生産と生活の場であったテラス（斜面を平らに造成した平坦地、図7）に良好に残されている。

もうひとつの価値は、「銀の生産から搬出にいたる全体像を不足なく明確に示すこと」である。銀鉱山跡を中心に、これを軍事的に守った周囲の山城跡、銀や物資の輸送路である街道、銀を積みだした港湾、そして銀の生産から搬出にかかわった人びとの集住した鉱山町跡など、銀の生産から搬出にいたる産業システムの総体がよくのこり、産業遺跡が周

図6 ● 大久保間歩
江戸時代には幕府が直営し、近代になると藤田組が福石鉱床の採鉱を目的に開発した。大規模な坑道が発達していて、江戸と明治の採鉱技術をみることができる。

囲の自然環境とともに一体の文化的景観を形成している。これは顕著な普遍的価値をもつ文化的景観の事例とされている。

以上、遺跡からみた世界遺産としての「顕著な普遍的価値」を紹介したが、これらの内容は、地下に埋まっていたものが多く、発掘調査をはじめとする考古学の力によってはじめてみえてきたものである。そこで次章から、考古学的発掘調査と研究によって明らかになった石見銀山の世界をみていこう。

図7 ● **銀山柵内にのこるテラス群**
谷間や斜面を段々に造成している。石垣をともなうものとそうでないものがある。道や水路跡が集落のあったことを示している。写真は佐毘売山神社近くの出土谷入り口付近。

図8 ● **上空からみた沖泊**（右）**と鼻ぐり岩**（左）
リアス式海岸が生みだした良港。中央の湾が沖泊。左手前が櫛山城跡のある櫛島で、右手前に鵜ノ丸城跡がある。

第２章　銀山のひろがりと歴史

1　天の恵み・地の宝・人の匠

鉱山の要件

現在、日本では操業している鉱山がほとんどないためか、「鉱山」「鉱山遺跡」に関してわたしたちが抱くイメージといえば、鉱石を掘りだすための坑道を思い浮かべる人が大半であろう。しかし鉱山は、地下にある鉱床・鉱脈から鉱石を掘りだす（採鉱）だけではない。掘りだした鉱石をくだいて鉱物以外の石を捨て（選鉱）、木炭を熱源にして鉱物を熔解して不要な鉛・鉄などの金属をとりのぞき（製錬）、ようやく金や銀、銅を手に入れることができるのである。

このように鉱山では、採鉱から製錬までいくつもの工程があり、労働者・技術者が多くの作業をおこない、大量の鉱石からごく少量の貴金属を得ていたのである。それも当時は基本的にすべて手作業によってである。

石見銀山を何度も訪ね、調査の指導をした日本鉱業史研究会の葉賀七三男《はがなみお》氏は、一六世紀から一七世紀にかけて良質で大量の銀生産に成功した石見銀山の特質を「天の恵み・地の宝・人の匠」と表現して、鉱山に必要な要件を的確に示してくださった。

「天の恵み」とは、銀生産と生活に必要不可欠な地下水が山頂近くにあったこと。仙ノ山山頂付近には、池や井戸、水路などがひろい範囲に存在することがわかっており、これは地下水をためる保水性のよい地層があることを示している。水は生活用水としてだけでなく、「比重選鉱」という水中で水流を利用して銀鉱石を回収する工程や、火を使う製錬に欠かせないものであった。

「地の宝」とは、銅をほとんど含まず、自然銀を含む高品位な鉱床が地表面近くにあったこと。この鉱床は仙ノ山の山頂付近にあり、江戸時代の鉱山関係の文献では銅分を含まない「福石《ふくいし》」に分類されたもので、「福石鉱床」とよばれた。

「人の匠」とは、朝鮮半島から技術移転された「灰吹法《はいふき》」を受容するだけの技術水準が石見の地にあったこと。中国地方では古代から銅と鉄の生産が盛んだった。その技術の基本的な蓄積が石見にもあり、それを伝承し保持する人びとの存在が「灰吹法」の受容を可能にしたと考えられる。

歴史的鉱山にあって、これらの要件すべてを満たす鉱山はまれである。だからこそ、石見銀山は約四〇〇年もの長期間の操業が可能で、巨大な銀鉱山となりえたのである。

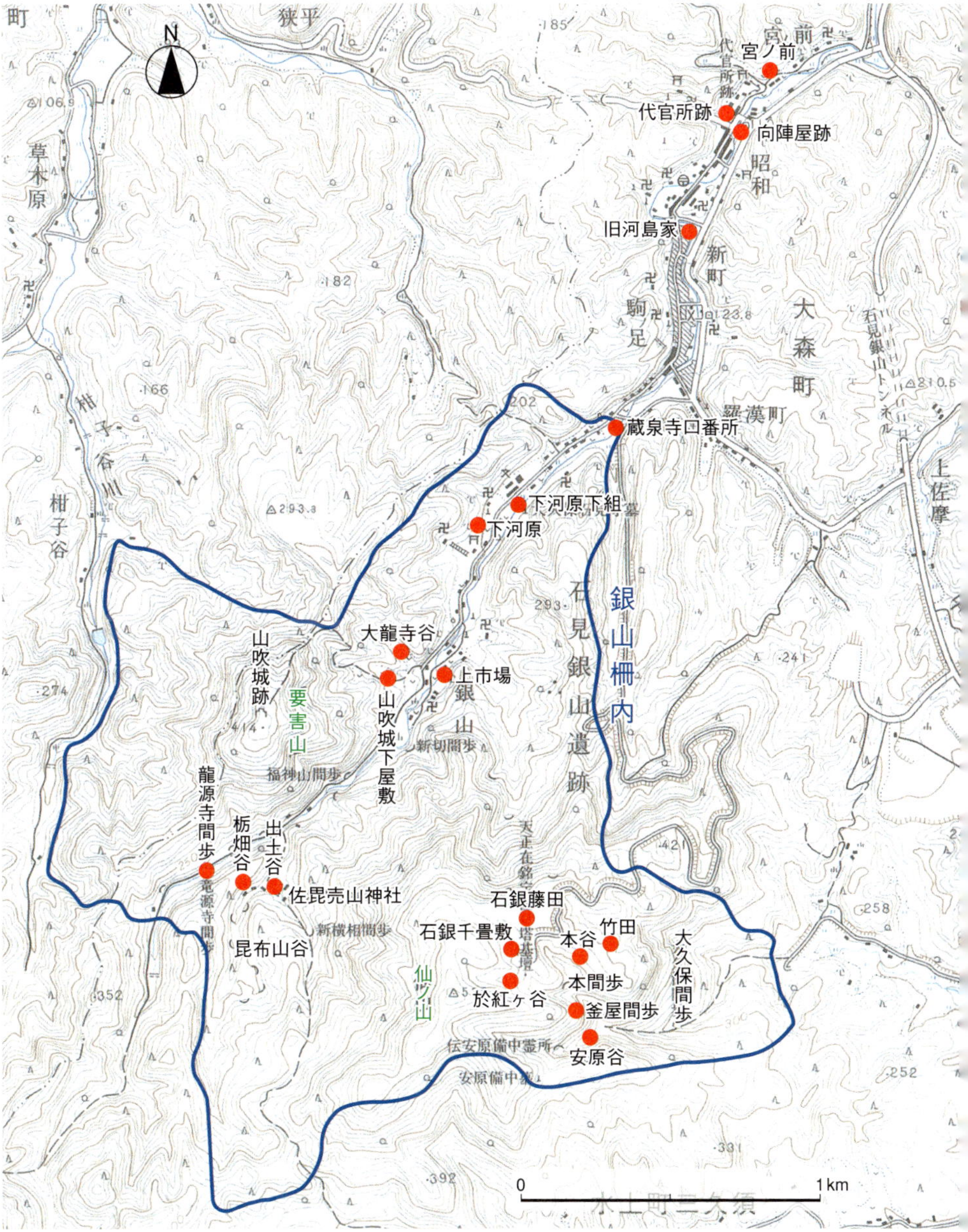

図９ • 石見銀山遺跡とおもな発掘調査地点
銀山柵内では、仙ノ山山頂から谷間と山麓の調査が計画的に進められている。
大森の町並みでは、建物の保存修理の際に地下遺跡の確認がされている。

福石鉱床と永久鉱床

石見銀山のある大田市は島根県のほぼ中央に位置していて、市内には三瓶山《さんべさん》（標高一一二六メートル）や大江高山《おおえたかやま》（標高八〇八メートル）といった火山が分布し、山地帯とその間をぬうように流れる河川によって形成された平地に小規模な可耕地や小集落が点在している。

銀鉱山の中核をなす仙ノ山（標高五三八メートル）は、大江高山から北へ四キロ、日本海から直線距離で八キロの地点に位置している。大江高山は大山《だいせん》火山帯に属し、前期更新世《こうしんせい》に活動した火山といわれ、溶岩ドームのまとまりからなっている。仙ノ山はこの大江高山火山岩類の分布域にある。

さきに「地の宝」と紹介した「福石鉱床」は、仙ノ山東側にある石銀《いしがね》地区や本谷《ほんだに》地区に分布していた（図10）。「鉱染鉱床」という、母岩に鉱物をふくむ熱水が染みこんで鉱石ができたも

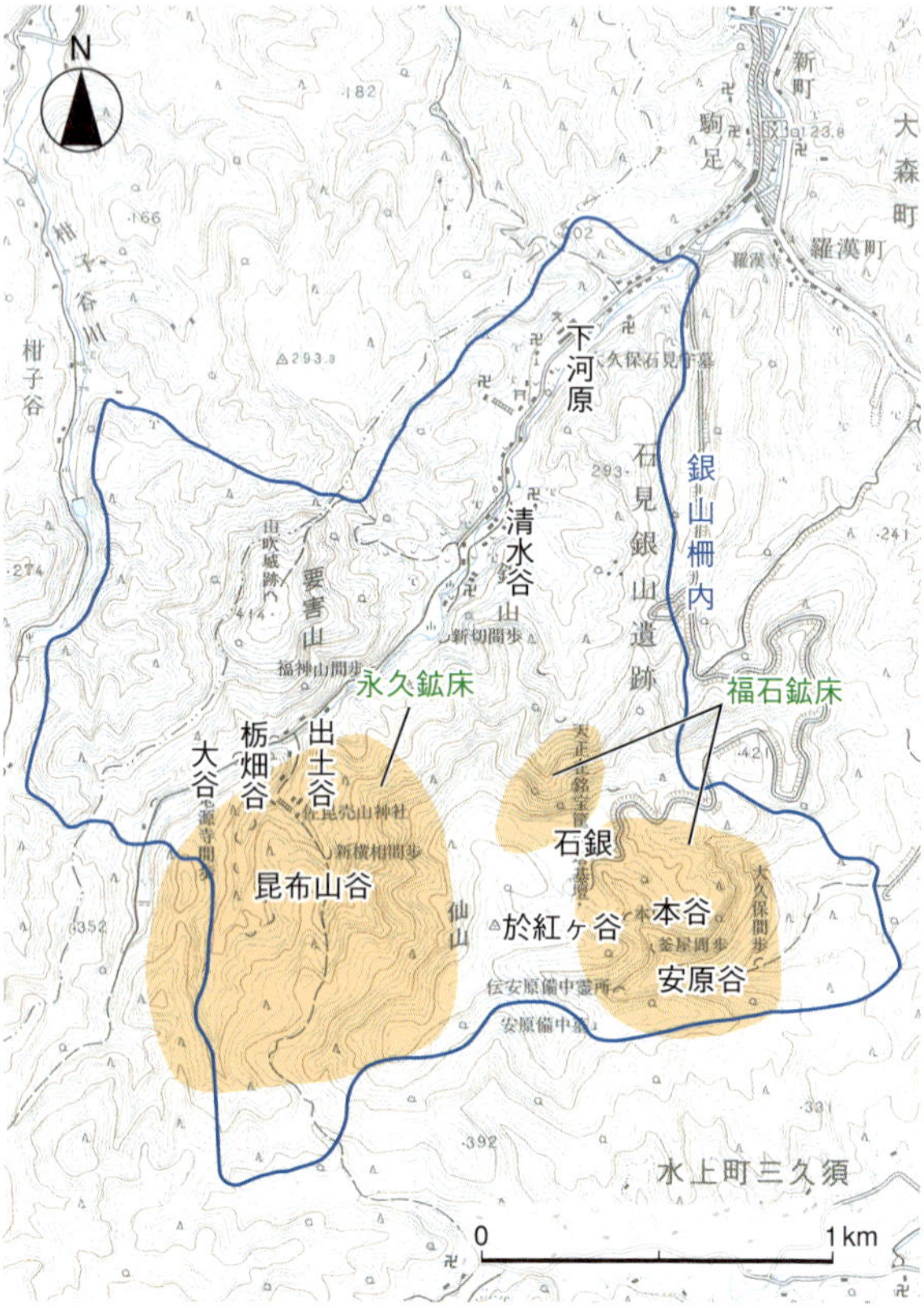

図10 ● 福石鉱床と永久鉱床の分布
仙ノ山山頂から東南方向にひろがる福石鉱床と、仙ノ山西麓にひろがる永久鉱床。福石鉱床は地表面に近く、永久鉱床は地下深く、近代には海抜下まで掘り進んだ。

ので、地表面近くに富鉱帯《ふこうたい》としてあり、比較的硬い鉱床であるが、露頭掘りが可能であった。「福石鉱床」は自然銀を多く含み、ほかに輝銀鉱《きぎんこう》・方鉛鉱《ほうえんこう》など銅をふくまず銀だけが存在するまれな鉱床であった。葉賀氏は昭和初期の文献を参考にして、当時の「福石」の品位は、多くは一トンあたり二〇〇グラムくらいで、なかには五〇〇グラムに達するものもあった、と紹介している。

これに対してもうひとつ、仙ノ山西側の栃畑谷《とちはただに》地区や昆布山谷《こぶやまだに》地区に分布する鉱床は「永久《えいきゅう》鉱床」とよばれている（図10）。岩石の割れ目や断層に鉱物をふくむ熱水が入りこんでできた「鉱脈鉱床」で、地表から地下にかけて分布していた。「永久鉱床」にも、自然金や自然銀、輝銀鉱などがふくまれていたが、主体は銀を含んだ黄銅鉱《おうどうこう》や斑銅鉱《はんどうこう》などで、製錬では銅を分離する工程が必要であった。

2　仙ノ山にひろがる遺跡群

銀山六谷

石見銀山遺跡のうち銀生産に関連する遺跡、すなわち採鉱の遺跡である露頭掘り跡や坑道掘り跡などの分布、さらには選鉱・製錬といった生産の遺跡の分布は、この地表面の鉱床の範囲とほぼ重なりあう（図11）。

このことを江戸初期の文献にみえる「銀山六谷」によって概説しよう。一六〇〇年（慶長五）の「石見国銀山諸役請納書写」（「吉岡家文書」）には、「銀山六谷地銭」とあるように、銀山の労働者と職人や商人たちの居住域が、仙ノ山の谷を中心にひろがり、それが六地区（谷）あり、屋敷地に税が課せられていたことがわかる。

この六谷とは、「石銀・本谷」「昆布山谷」「栃畑谷」「大谷《おおたに》」「休谷《やすみだに》」「下河原《しもがわら》」の六地区で、このうち「石銀・本谷」が仙ノ山山頂付近にあり、残りの五地区は山麓に位置している。

戦国時代の銀山開発初期から近世初頭の最盛期には、山

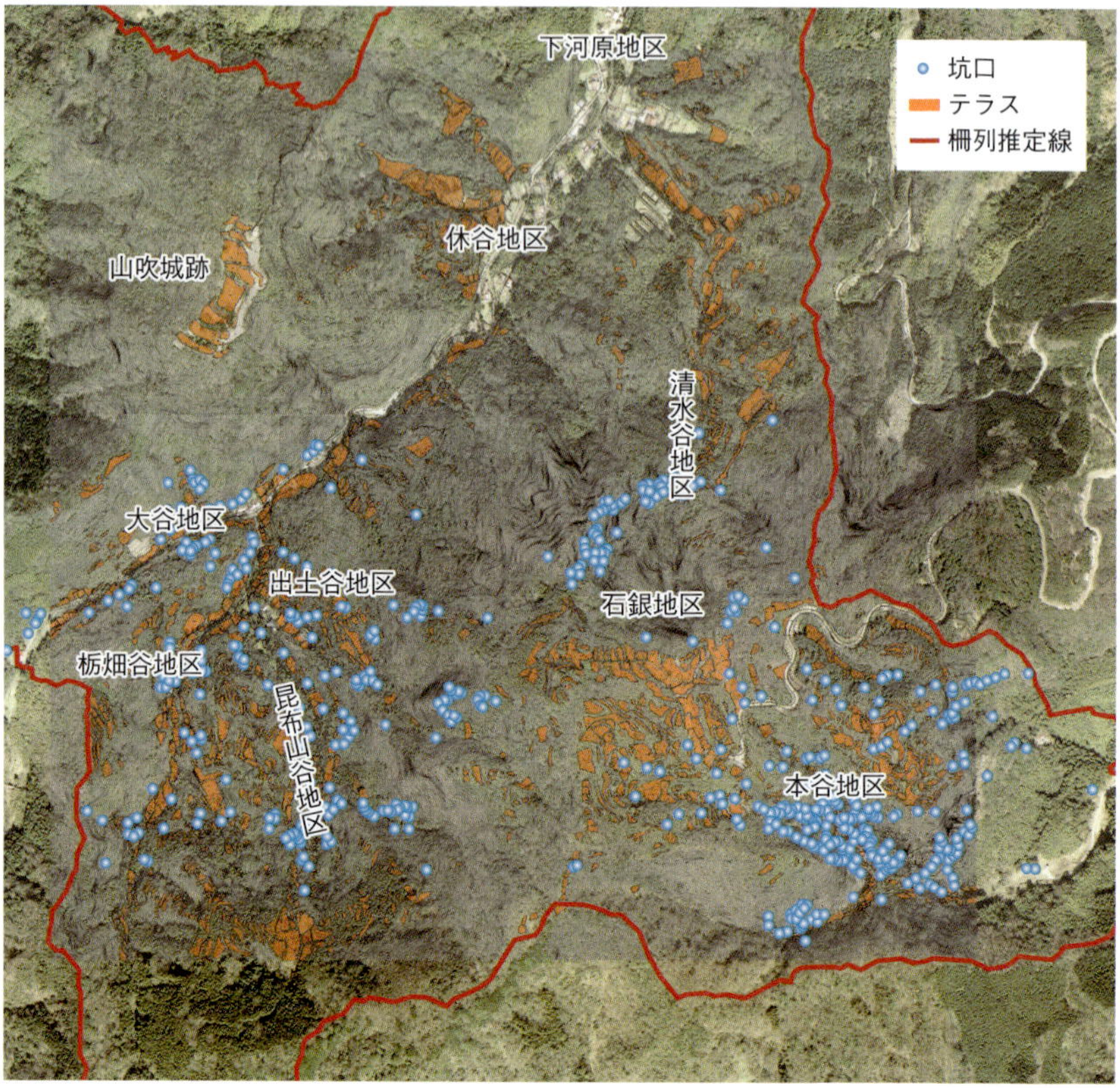

図11●仙ノ山にひろがる坑口とテラス群
坑口には大きく3つの分布域があり、それらとテラス群の分布が重なっている。石銀地区の北、清水谷にある分布域については、鉱床および年代の検討が必要とされている。

頂の福石鉱床の表層部にある富鉱帯が採鉱の対象となり、これが石銀・本谷にあたる。ここは銀生産の中枢となり、採鉱遺跡や製錬遺跡、テラス群が集中して分布する地区である。

昆布山谷・栃畑谷・大谷は山麓に位置し、永久鉱床の範囲内にある。採鉱遺跡、製錬遺跡などが、石銀・本谷と同様に分布している。なお栃畑谷には、鉱山の信仰の中心である金山彦命《かなやまひこのみこと》を祀る佐毘売山《さひめやま》神社が鎮座し、「京町」「京店」などの地名がのこることから、銀生産の場であるとともに鉱山町の賑わいがあった地域でもある。

一方、休谷は戦国時代に銀山争奪戦の拠点となった山吹城の大手にあたり、「下屋敷《しもやしき》」「千《せん》京《きょう》」「魚店《うおだな》」といった地名があったことがわかっており、武士層の屋敷や商人などが集住していたとみられる。また下河原は、銀山のなかでも比較的平坦地が広がる谷間であり、鉱山労働者や職人・商人の居住域と考えられる。

この休谷地区、下河原地区とも坑道跡などの採鉱遺跡の存在は確認されていないものの、発掘調査によって製錬遺跡が発見されている。

重層的、複合的な遺跡

このように石見銀山遺跡は、銀生産に関する遺跡のほか、支配・生活・信仰・流通などの遺跡から構成され、それらが重層的、複合的に存在するところに大きな特徴がある。

生産関連の遺跡は、採鉱遺跡、選鉱遺跡、製錬（そして純度を高める精錬）遺跡、また西洋技術が導入された以降の近代鉱山遺跡がある。また密接に関連する生産遺跡に、タガネなどの鉄製品を生産し供給した製鉄遺跡、木炭を生産した炭窯跡なども存在する。

さらに石見銀山は、狭義には銀鉱山跡である仙ノ山そのものだが、銀生産活動に従事した人びとの集落や歴史的建造物、銀山の支配と管理をした戦国時代の城館跡や近世の役所跡・番所跡・柵列跡、街道および道標などの流通関連の遺跡、さらに人びとの生活にかかわって寺社跡、墓地などに残る石造物などの信仰関連の遺跡といった多様な遺跡から構成される。その年代は中世から近代までの約四〇〇年間におよび、それらが生産から流通にいたる銀生産という産業システムの総体として良好に保存されているのである。

3　石見銀山開発史

銀山開発の前史

中世の石見国では、日本海を利用して人びとと物資が活発に動いていた。そのようすは石見銀山とその周辺域でも遺跡や文献史料から知ることができる。石見銀山の北、日本海の海岸線近くにある白石《しらいし》遺跡では、一二世紀の大型建物跡と中国製の貿易陶磁器が出土している。また内陸部には、中世前期から久利《くり》郷《ごう》と大家《おおえ》荘《しょう》という大規模荘園があり、文献史料によればそれぞれが石見銀山の開発前には広大な荘域をもち、地域の拠点集落として繁栄し、荘域内外の集落や年貢を積みだす港と街道で結ばれていた。

江戸時代に編纂された「銀山旧記《ぎんざんきゅうき》」には、鎌倉時代の末期の延慶年間（一三〇八〜一三一一

1434（永享6）	佐毘売山神社、益田から銀山に勧請される
1526（大永6）	博多の商人神屋寿禎が石見銀山の開発をはじめる
1533（天文2）	灰吹法による銀の精錬開始。このころより朝鮮へ多量の日本銀が輸出される
1537（天文6）	尼子詮久が銀山を攻略、領有。これ以降、尼子氏、小笠原氏、毛利氏で、銀山の争奪戦がくりひろげられる
1542（天文11）	昆布山谷に大水が出て、1300人が流される 佐渡鶴子銀山（新潟）、生野銀山（兵庫）が発見される
1543（天文12）	ポルトガル船が種子島に漂着（鉄砲の伝来）
1549（天文18）	イエズス会宣教師ザビエルが日本にキリスト教を伝える
1556（弘治2）	ザビエル、書簡の中で日本を「プラタレアス群島（銀の島）」と記す
1562（永禄5）	毛利元就がふたたび銀山を領有
1573～95（天正年間）	山師の安原伝兵衛が銀山に来る
1585（天正13）	銀山、毛利・豊臣の共同管理となる（争奪戦終結）
1590（天正18）	豊臣秀吉が全国を統一する
1600（慶長5）	関ヶ原の戦い後、徳川家康が銀山を領有。石見銀山接収のため、大久保長安らが石見に下向
1601（慶長6）	大久保長安が初代石見銀山奉行となる
1602（慶長7）	安原伝兵衛が釜屋間歩を開発し、年産4000貫の銀を産出
1603（慶長8）	安原伝兵衛が年産3600貫（13.5t）の運上を納め、「備中」の称号と辻ヶ花染丁字文胴服を家康から拝領
1613（慶長18）	大久保長安が病死、竹村丹後守が二代目奉行となる
1614（慶長19）	石見の銀掘450人が大坂冬の陣で、大坂城の堀水抜きのために動員される
1637（寛永14）	石見銀山の産出量が大幅に減少する（銀山の衰退）
1673～82（延宝元～天和2）	銀産出量がさらに減少する（10年間の平均261貫〔980kg〕）
1675（延宝3）	石見銀山領が奉行から代官統治へ格下げ
1688（元禄元）	銀山の住人1621人、大森町の住人686人とある
1729（享保14）	間歩改めによると、129の間歩の内74が休山
1798（寛政10）	大久保間歩の開発はじまる
1800（寛政12）	大森大火。大森町の3分の2が焼失
1823（文政6）	間歩改めによると、279の間歩の内247が休山
1866（慶応2）	長州軍が大森へ進駐。代官は逃亡
1868（明治元）	明治政府成立
1872（明治5）	浜田沖地震により多くの間歩が水没し、休山となる
1873（明治6）	旧松江藩家老安達惣右衛門が一鉱区を経営
1887（明治20）	大阪・藤田組による経営開始。「大森鉱山」を正式名称とする
1895（明治28）	清水谷製錬所完成
1896（明治29）	柑子谷永久稼所において銅を中心に産出
1923（大正12）	経営不振で大森鉱山休山

表1●石見銀山の歴史

年）のころ、周防国《すおう》の守護である大内氏《おおうち》が、元寇の後、ふたたび蒙古軍が来たときに、託宣によって石見銀山で粋銀《とじぎん》（自然銀）を採り帰還させた、とある。さらに南北朝の内乱のときには、足利直冬《ただふゆ》が石見国を攻めて四八城を陥れ、銀山を押領し地表の鉱石を採りつくしたと、記されている。

もちろんこれらは伝承で歴史的事実ではない。発掘調査では当該期の銀生産に関する遺構・遺物は発見されていない。しかし、この記述は、仙ノ山に銀鉱床のあることが古くから知られていたことを背景に成立したのではないか。仙ノ山の山頂近くの発掘調査では、古代の須恵器《すえき》が出土しており、遺構は確認されていないが信仰や祭祀の場であったと推測されている。

このことに関して、石見銀山の古刹で、銀山の発見や再開発に必ず登場する清水寺《せいすいじ》の存在が興味深い。真言宗である銀峰山清水寺は創建を七九八年（延暦一七）と伝え、古くは天池寺と称し修験の霊場であったという。仙ノ山という名称が仙＝聖の意味があることから、銀山一帯が修行の道場であったのだろう。当時の修行僧が自然科学を含め幅広い知見をもっていたことを考慮すると、仙ノ山は自然銀のある山として認識されていたのかもしれない。

銀山の開発、灰吹法の導入

銀山開発が史実として確認できるのは、周防・長門国《ながと》の守護であった大内氏全盛の時代からである。大内氏は南北朝期から室町時代にかけて盛衰をくり返すが、そうしたなかでも石見銀山のある邇摩郡《にま》の知行は引き継がれ、永正年間（一五〇四〜一五二〇年）にいたり大内義興《よしおき》が石見国の守護職をとりもどしている。その後、一五二八年（享禄元）に義興が死去し、嫡子の大内義隆《よしたか》の代になると、周防・長門をはじめ石見・安芸《あき》・備後《びんご》・豊前《ぶぜん》・筑前《ちくぜん》を領し、さらには明との交易を独占するなど、名実ともに西国随一の戦国大名となり、大内家は全盛期を迎えた。

石見銀山の開発は、「銀山旧記」によると、一五二六年（大永六）、博多商人の神屋寿禎《かみやじゅてい》が銀山の開発を手がけ、その七年後の一五三三年（天文二）に博多から宗丹・慶寿という技術者を招聘し、はじめて石見銀山で灰吹法によって鉱石から銀を抽出したという。

この灰吹法は、中国と朝鮮における銀需要の高揚を背景に、ポルトガル人や倭寇勢力による

図12 ● 御取納丁銀
毛利氏が、1560年（永禄3）の正親町天皇即位礼に際して献上したもの。

日本と東アジア地域との交流・交易の活況によって、銀の輸出先である朝鮮半島の技術が移転したものといわれている。その技術移転の経路は、朝鮮半島―博多―石見銀山であり、そこには日明貿易に積極的で、国際貿易商人である神屋一族などの博多商人を庇護し緊密な関係にあった戦国大名大内氏が介在していたとされる。

灰吹法の移転により、石見銀山における産銀量は飛躍的に増大し、産出銀の多くは東アジアの国々へ流出し、それらの国々の経済に影響を与えることになった。そして、それまで銀の輸入国であった日本は輸出国に転じることになる。

毛利氏から江戸幕府へ

その後、大内氏が衰退・滅亡すると、銀山を掌握して財政基盤を安定させようとして、戦国大名尼子《あまご》氏、さらには毛利氏と地元の国人領主である小笠原氏をまきこんだ銀山の争奪戦がくりひろげられ、最終的には毛利氏が石見国を一五六二年（永禄五）に掌握することになる。

毛利氏は、銀山とともに良港・沖泊のある温泉津を直轄地とし、奉行をおき、銀山からの銀の搬出と銀山への物資の輸送をこのルートでおこなった。また、沖泊の櫛山城の対岸にわずか一カ月で鵜丸城を築き、守りを固めた。そして一五九〇年（天正一八）に豊臣秀吉が全国を統一してからは、毛利氏は豊臣の大名として中国地方を支配し、銀を秀吉に納めた。

この毛利氏時代の石見銀山の銀生産を物語るものとして、一五六〇年（永禄三）の正親町《おおぎまち》天皇即位礼に際し毛利氏が献上したとされる「御取納丁銀《おとりおさめちょうぎん》」（図12）や、秀吉が一五九三年

（文禄二）に朝鮮出兵のために博多にて石見銀で鋳造させたという「博多御公用丁銀《はかたごくようちょうぎん》」（図13）、諸大名への賞賜用として鋳造させたという「石州文禄御公用銀《せきしゅうぶんろくごくようぎん》」がのこされている。

その後、一六〇〇年（慶長五）、関ヶ原の戦いに勝利した徳川家康は、すぐに石見銀山を支配下におき、甲州の地方支配で実績のあった大久保長安《ながやす》を石見銀山奉行として派遣し、江戸幕府の直轄領にし、銀山周辺一四四カ村、約四万八〇〇〇石を「石見銀山附御料」とした。

こうして江戸時代には、仙ノ山と要害山をかこむ柵がめぐらされて、銀生産の管理・支配が図られたのである。

図13 ● 博多御公用丁銀
1593年（文禄2）、豊臣秀吉が朝鮮出兵のために博多で鋳造させたといわれている。

絵図にみる石見銀山

当時の石見銀山のようすは、数枚の国絵図に描かれている。

毛利・豊臣支配のころの銀山を示すものとして、一五九〇年（天正一八）ごろに作成された「石見国図」がある（図14）。

これをみると、仙ノ山は「銀山」「せんの山」と記され、山の斜面には△印が描かれている。△印の一カ所に「まぶくち」（間歩口）と記してあることから、すでに坑道が掘られていたことがわかる。また、「せんの山」のとなりの山には「山吹城」と記され、山頂には三重の天守をもつ城が描かれている。また麓や山の谷間には多くの家並みが描かれ、たくさんの人びとが働き暮らしていたことが想像できる。

つぎに江戸期の一六四五年（正保二）の「石見国絵図」をみると（図15）、銀山を柵

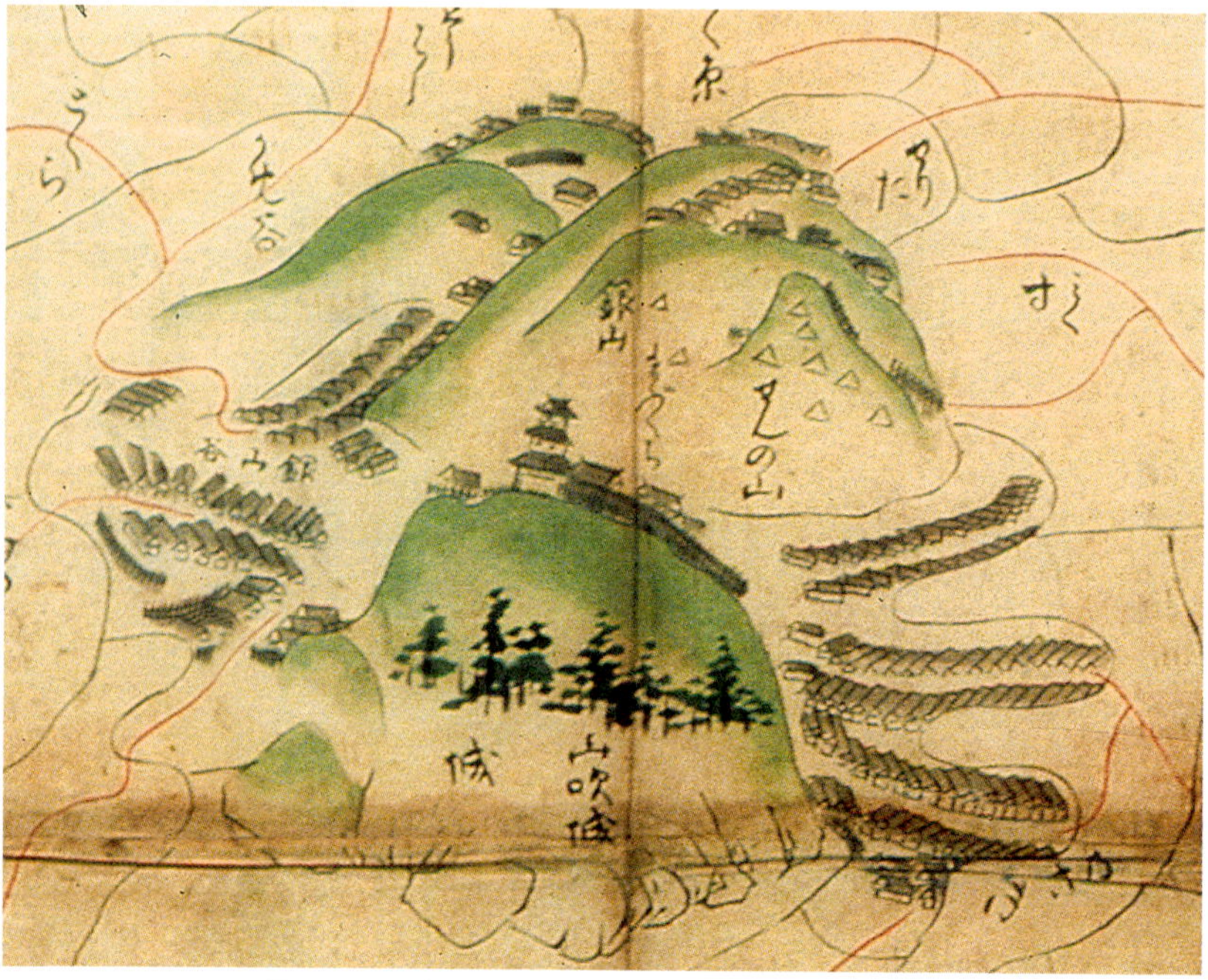

図14 • 1590年（天正18）の石見国図
仙ノ山周辺に建物が軒を連ねており、銀山の繁栄ぶりを示している。山吹城には三重の天守閣がみえる。

列がかこうようになる。柵列には九カ所の「口屋」（番所）が描かれ、銀蔵《かねぐら》、鉛蔵、銀《かね》吹屋《ふきや》、極印屋《ごくいんや》などがみえ、谷筋を中心に家並みが描かれている。さらに、要害山《ようがいさん》にあった城郭はなくなり、大森地区に御運上蔵《ごうんじょうぐら》が描かれ、このときにはすでに銀山と大森町に諸施設がわかれて配置されたことがわかる。

このように毛利氏の管理下にあった戦国期末には、仙ノ山には柵列はまわらず、集落は山頂から山麓の谷筋に家並みが連続していた。山麓の集落入り口には柵列があることから、「駒之足銭《こまのあしせん》」など通行税が徴収されたのかもしれない。そして一七世紀になり江戸幕府直轄領になると、柵列が仙ノ山から要害山を含めるようにまわるようになったのである。

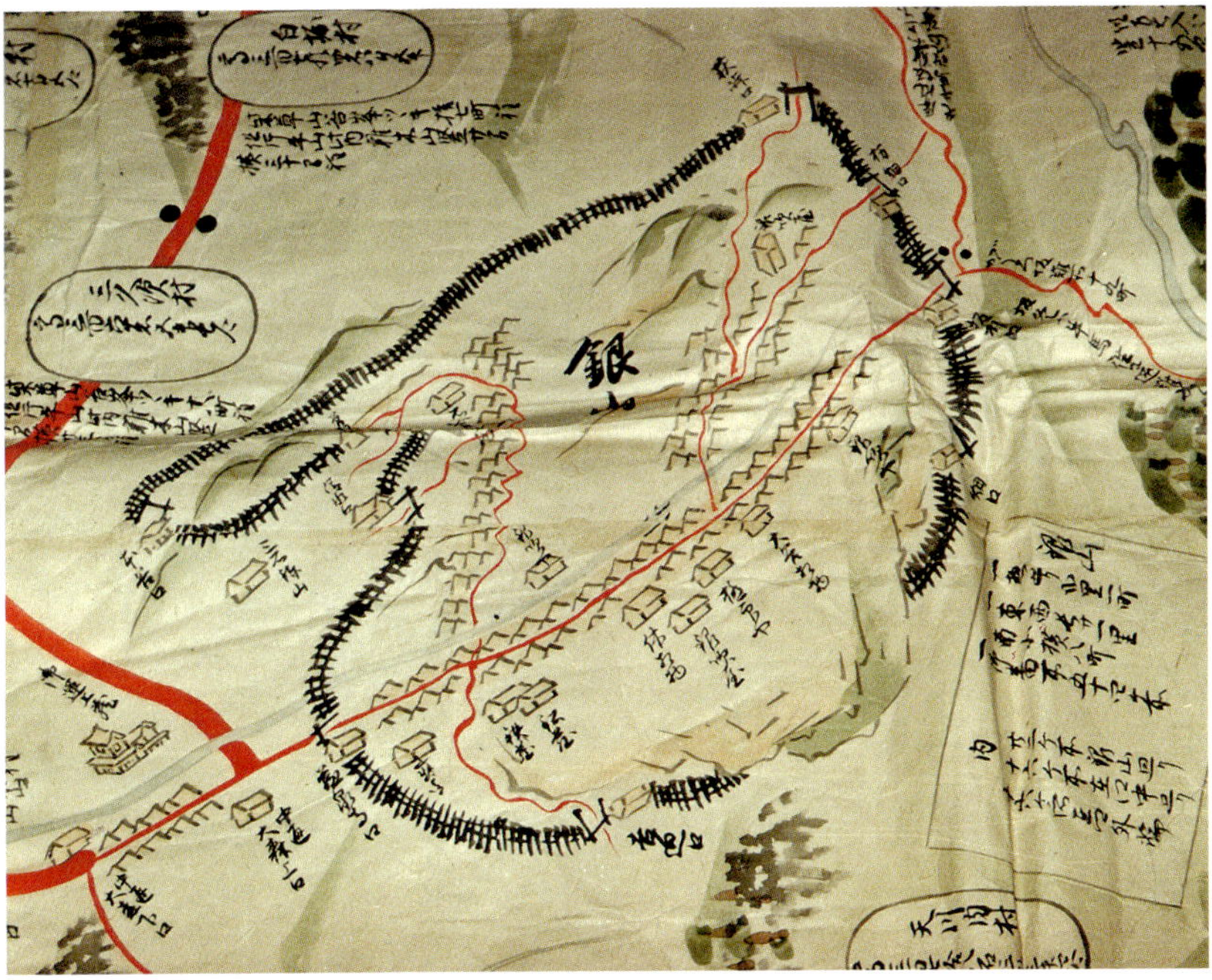

図15 ● 1645年（正保2）の石見国絵図
仙ノ山と要害山をかこむ柵列が描かれ、途中に「口屋」（番所）がある。左下の「御運上蔵」と「中通大森上口」「中通大森下口」のあいだが大森町になる。

鉱山用語（山言葉）と調査用語

鉱山で使われる用語は難解である。石見銀山の文献史料のなかに、鉱山で使われる用語「山言葉」を解説したものがある。

江戸時代に、御役所の銀山方に属し銀山管理を担当する地役人が、江戸から派遣された奉行・代官に銀山経営について説明するとき、また山師《やまし》や鉱山労働者に具体的な指示をだしたりするために、言葉の解説をしておく必要から記されたものであろう。

本書では、この山言葉と、発掘調査・科学調査の「調査用語」を適宜使用しているので、ここでおもな用語を紹介しておこう。

山言葉は鉱山に共通するものもあるが、独自なものもあり、技術移転を考える際の手がかりとなることもある。調査用語は、石見銀山遺跡の調査を進めるうえで、山言葉をカタカナ表記するなどして便宜的に使用しているものである。

図16●石銀藤田地区でみつかった炉跡
赤味をおびた左右二つの円が炉跡で、左側が直径35cm、右側が直径50cm。断面をみると、炉の側面から底にかけて粘土を貼ってあるのがわかる。

≪コラム≫

〔山言葉〕

鏈（くさり）……鉱石
鉉（つる）……鉱脈
吹く……製錬すること
吹屋（ふきや）……製錬所
吹床（ふきどこ）……炉
空味（からみ）……製錬の際に排出される鉱滓《こうさい》
ずり……鉱石分のない石、素石
錬（こわり）……石見では造滓剤をいう
鉄子（てっこ）・手鉄（たがね）……タガネ
床尻鉛（とこじりなまり）……貴鉛（きえん）
間歩（まぶ）……坑道
横相（よこあい）……文献史料上は、銀鉱脈をさがして鉱脈のないところを掘鑿することと説明されている。一般的には、鉱脈の走行方向と直交するように開鑿された坑道をいう
切場（きりば）……銀鉱石のあるところ
要石（かなめいし）……選鉱に使用する磨り臼

〔調査用語〕

ズリ……ずりのこと
選鉱ズリ……選鉱作業によって廃棄された石、素石
ユリカス……比重選鉱で選りわけたのこりかす。科学調査では粘土分をほとんど含まない、数ミリ大のほぼ均質な砂質粒子の集合体と定義した
カラミ……空味のこと。スラグ。発掘調査・科学調査では乾式製錬工程から排出される鉱滓（製錬滓）のうち、非鉄金属製錬のものをカラミと定義した
炉跡……科学調査では人為的に掘りくぼまれた円形や方形の遺構のうち、粘土が被熱し表面が赤褐色や黒色となっているもの、内部や周囲に炭がみられるもの、内部に白い粒子（骨や貝殻の破片など）がみつかるものなどを製錬に関する炉跡と定義した
鉄鍋炉……石銀藤田地区で出土した灰吹に使用した鉄鍋で、内部に灰状の土が充填するもの

第3章　姿をあらわした鉱山町

1　発掘調査のはじまり

高まる地元の関心

石見銀山遺跡は一九六九年に、国内ではじめての鉱山遺跡として、また類をみない複合遺跡として史跡に指定された。指定地は山吹城跡、龍源寺間歩などの坑道跡、佐毘売山神社、代官所跡など一四カ所である。その後、調査研究が進展して、地下遺構の存在が確認されたことや、仙ノ山一帯に間歩や墓地などの遺構群が分布することが明らかになった。中世の大規模遺跡である広島県福山市の草戸《くさど》千軒町《せんげんちょう》遺跡や福井県福井市の一乗谷《いちじょうだに》遺跡、島根県広瀬町では富田川《とだがわ》河床《かわどこ》遺跡などの発掘調査が注目されていたころである。

銀山への関心はこのころから高まっていったように思う。「銀山旧記」には最盛期に人口が二〇万人いたと記されているが本当なのか、日本の銀生産を支えたというがいったいどこで採掘し製錬したのか、仙ノ山山頂は「石銀千軒」といわれるがそんなに賑わった場所だったのか、銀山に住む人びとはどんな暮らしをしていたのか。地元の人たちも調査にかかわる人たちも、よくそんな話題で盛りあがっていた。

龍源寺間歩

そうしたなか、一九八八年から大田市による発掘調査がはじまった。調査地点は仙ノ山山麓の龍源寺間歩坑口前の平坦地。銀山の中心部でのはじめての調査である。

わたしは大学生だった一九七九年に龍源寺間歩を訪れたことがあった。いまでは通りぬけ坑道としてすっかり有名になった龍源寺間歩だが、当時はまだ入り口から二〇メートルだけが公開されていて、裸電球のスイッチを自分で入れて入坑するという、史跡をそのままみせる状況だった。

図17 ● 龍源寺間歩
文献史料では17世紀後半にあらわれるのが初見。幕府直営の御直山で、南北方向の主坑道を進むと、東西方向の鉱脈を掘りすすんだ坑道が何本もある。一般公開。

その後、縁あって大田市の文化財保護行政を担当することとなり、入職したときにはすでに「石見銀山遺跡総合整備構想」のもとでいくつかの事業がはじまっていた。龍源寺間歩は一九八七年、公開のために坑内に安全施設などが整備され、新しい坑道が掘られ、通りぬけて見学できるように生まれかわった。

その公開前に、懐中電灯だけを頼りに入坑する機会があって坑道の最奥部まで入った。漆黒の闇、狭くてなにも聞こえない地下空間、風のない息苦しさなど、坑夫の感覚を疑似体験することができた印象深い場所である。

ズリとカラミとのたたかい

銀山遺跡の発掘調査は「ズリ」と「カラミ」とのたたかいである。ズリとは素石あるいは廃石のことで、採掘した鉱石以外の礫や石、鉱石を選鉱した際に出る鉱石分のない石のこと、カラミとは製錬工程で出る不用な金属のことである。

調査前にはまったく想定していなかったが、あとから考えてみれば当たり前のことで、これらの大量に出るズリとカラミは、当時、基本的に捨てられたのである。山の斜面や谷間に廃棄されるだけでなく、造成土にしたり、道路や田畑の客土、道路の基盤層に利用された（図18）。

龍源寺間歩坑口前の平坦地には現在、観光坑道の管理棟が建っているが、明治時代には鉱山を操業した藤田組の倉庫などがあった場所である。また江戸時代には幕府が直営する坑道として管理されていたことが文献史料にみえ、かつての番所などの建物に関連する遺構が存在すると予測されていた。

いざ発掘をはじめてみると、現在の地表面の直下からズリとカラミの堆積である。ズリによって整地された土層が場所によってはぶ厚く堆積し、カラミは鉄分を含んでいるのでサビ化し、そのためガチガチに固まり、鍬やスコップの歯がたたず、ときどきツルハシに登場してもらうことになる。土層を確認しながら、一枚一枚ていねいに掘り下げていくような通常の遺跡を掘るようにはいかないのである。

このような苦労をした発掘だったが、ここでは明治時代の建物跡とその下層で江戸時代の建物跡の一部を検出し、最下層では加工や採掘の痕跡がのこる岩盤を確認した。この遺構から出土した陶磁器には、年代が戦国期と推定されるものがあることから、最下層には戦国期の遺構が存在する可能性を示したことで、今後の調査に期待感を抱かせるものとなった。

図18 • ズリ山
鉱物を含まない廃石を捨てた状況。出土谷でみつかったもので、テラスに捨てられて小山のように厚く堆積していた。

おぼろげにみえてきた鉱山町

その後、発掘調査は毎年継続して進められ、一九八九年から九二年までの四カ年間に、銀山柵内（銀山町）では蔵泉寺口番所《ぞうせんじくちばんしょ》跡、上市場《うえいちば》、大龍寺谷《だいりゅうじだに》、下河原《しもがわら》下組、山吹城跡下屋敷を、大森町では向陣屋《むかいじんや》跡、旧河島《かわしま》家などの地点で実施した（図9参照）。

初期の調査は保存のために必要な資料を得ることを目的に、地下遺構があるかどうか、遺構の深さ、年代といった内容を把握するため、トレンチによる調査とした。調査面積はわずかであり、遺構・遺物から得られる情報は限られたものであったが、これまでの文献調査とは異なり、石見銀山の銀生産や人びとの暮らしの実相をつかむことができるという確信がもてるようになった。

初期の調査ではまず、龍源寺間歩の坑口前で採鉱跡が、また山吹城跡の下屋敷で炉跡がみつかるなど、銀生産遺跡に特有な遺構がみつかった。また建物の基礎となる礎石や石列が検出され、上市場地区では、建物の遺構が点から面へとひろがり、重層的に存在することが明らかになった。また、各調査地点では廃棄されたズリとカラミが堆積していることから、銀山遺跡のひろい範囲で採鉱から製錬までの銀生産活動がおこなわれていたことが判明した。

また、出土遺物の大半を占める陶磁器は、調査地点によって器種組成にちがいはあるものの、銀山の最盛期である一六世紀後半から一七世紀前半の年代観をもつ陶磁器の存在が各調査地点で確認された。陶磁器の生産地は、中国や瀬戸美濃・備前・肥前などであり、これらが商人によって運ばれ銀山で消費されたことから、鉱山町は商品流通、消費地という点でも都市的な場であったことがわかってきた。

こうして石見銀山遺跡の輪郭がおぼろげながらみえはじめたころ、文献史料や絵図などから遺跡の中核と予想されていた、銀山開発の初期から最盛期にかけて鉱山町が形成された仙ノ山の山頂、石銀千畳敷《いしがねせんじょうじき》地区を対象とする調査が、一九九三年からいよいよはじまることになったのである。

2　みえてきた鉱山町のようす

竹林のなかにある住宅団地のような地形

大田市では、森林管理と遺跡の保存活用を目的として、仙ノ山北東の山麓を起点とし頂上近くを終点とする林道開設事業が計画されていた。そこで教育委員会では、遺跡保護のための基本情報を得るために山頂周辺の分布調査を実施することになった。

当時の山頂はかなりの部分が竹林で、それもハチクが大半であるため、場所によっては密集して生え、枯れ竹がそのまま残っているため、かき分けながら進まなければならない。

竹林のなかであたりをみわたすと、斜面に口を開けた坑道、足下には鉱山臼の要石《かなめいし》や江戸時代の陶磁器片をみつけることができた。少し歩けば竹林のなかに続く古道や、水をたたえた池、井戸や水路の跡がある。

銀山の閉山は大正時代だが、石銀地区はそれ以上に長い時間の経過を感じさせる景観となっていた。江戸時代に日本は世界を代表とする鉱業国であったと小葉田淳《こばたあつし》氏は名著『日本鉱山史の研究』で述べているが、閉山してしまえば山中の竹林にひっそりと眠っている遺跡景観に感動した。

分布調査の結果、仙ノ山の北側から東側の斜面は急峻なこともあり、ほとんど遺跡は存在しないが、石銀地区のある南側にはあちらこちらにテラスや坑道の坑口や竪穴、井戸、溝などがある。そこで林道ルートは確認した遺跡をはずし、必要があれば遺構確認の発掘調査を事前に実施することにした。

調査のはじまり

石銀地区はテラスが密接してひな段状に分布し、まるで住宅団地の造成地のようだ。林道ルートが谷を横断することになったため、石銀千畳敷地区の谷地形にテラスが連続する場所、なかでも唯一石垣が築かれ、南側斜面裾に坑口が開口するテラスで発掘調査することになった。石垣に接するトレンチでは、建物の礎石となる平坦な石と、その近くで熱を受け赤色化した炉跡を検出した。またテラス中央のトレンチでは、固くしまる建物の土間面を検出した。中国磁器、肥前陶磁器などが出土し、それらは一六世紀末から一七世紀前半の生産年代と考えられたことから、建物跡などの年代もそのころと推定できた。

このトレンチ調査の成果は、一言でいえば、建物の基礎や炉など、遺跡ののこりが非常によい、ということであった。この成果から、石銀千畳敷地区は、石見銀山のなかでも重要遺跡と判断されるので現状保存とし、林道事業は石銀千畳敷地区の手前を終点とし終結することになった。

こうして、その後も山頂で発掘調査が継続された。一九九六年からの島根県・大田市の共同の総合調査、二〇〇七年の世界遺産登録までの長い道のりを考えると、このときの調査は大きな画期となった記念碑的な調査といっても過言ではない。

吹屋の発見

石銀千畳敷地区は重要遺跡であることから、その後三年間にわたりテラスのほぼ全域を調査した（図19・20）。面積は五〇〇平方メートルである。

テラス中央には東西方向に道跡があり、北と南にテラスを二分していた。北テラスの東端には石垣が築かれて、南テラスの南斜面裾には坑口が半分以上埋まっていた。

このテラスの東側、西側にもテラスがひな壇状に連続し、東側テラス群は標高を下げながら於紅《おべに》

図19 ● 石銀千畳敷地区の遺構（東から）
写真中央を上下（東西）方向に道跡が続き、その左（南）と右（北）のテラスから吹屋建物跡を検出した。北テラスの手前（東端）には石垣が組まれている。

ケ谷《がだに》に続いていく。

この両側のテラスからは採鉱跡と建物跡、そして建物の内部にある選鉱、製錬に関する施設跡が検出された。そして一七世紀前半代の年代観でまとまる陶磁器と、銀生産で使用された羽口《はぐち》やルツボが出土した。

これらの遺構と出土遺物はなにを物語るのだろうか。まず重要なことは山頂に「吹《ふき》屋《や》」が存在したということである。吹屋とは、江戸時代の文献史料や絵巻・絵図などに記されている用語で、「吹く」＝製錬する作業をおこなった建物のことである。いわゆる製錬所のことである。

これまでの研究では、採鉱の場所は山中にある坑口などの分布から想定できたが、選鉱・製錬作業をおこなった場所はほとんど未解明であった。今回の調査によって、山頂で吹屋の存在が確認され、採鉱・

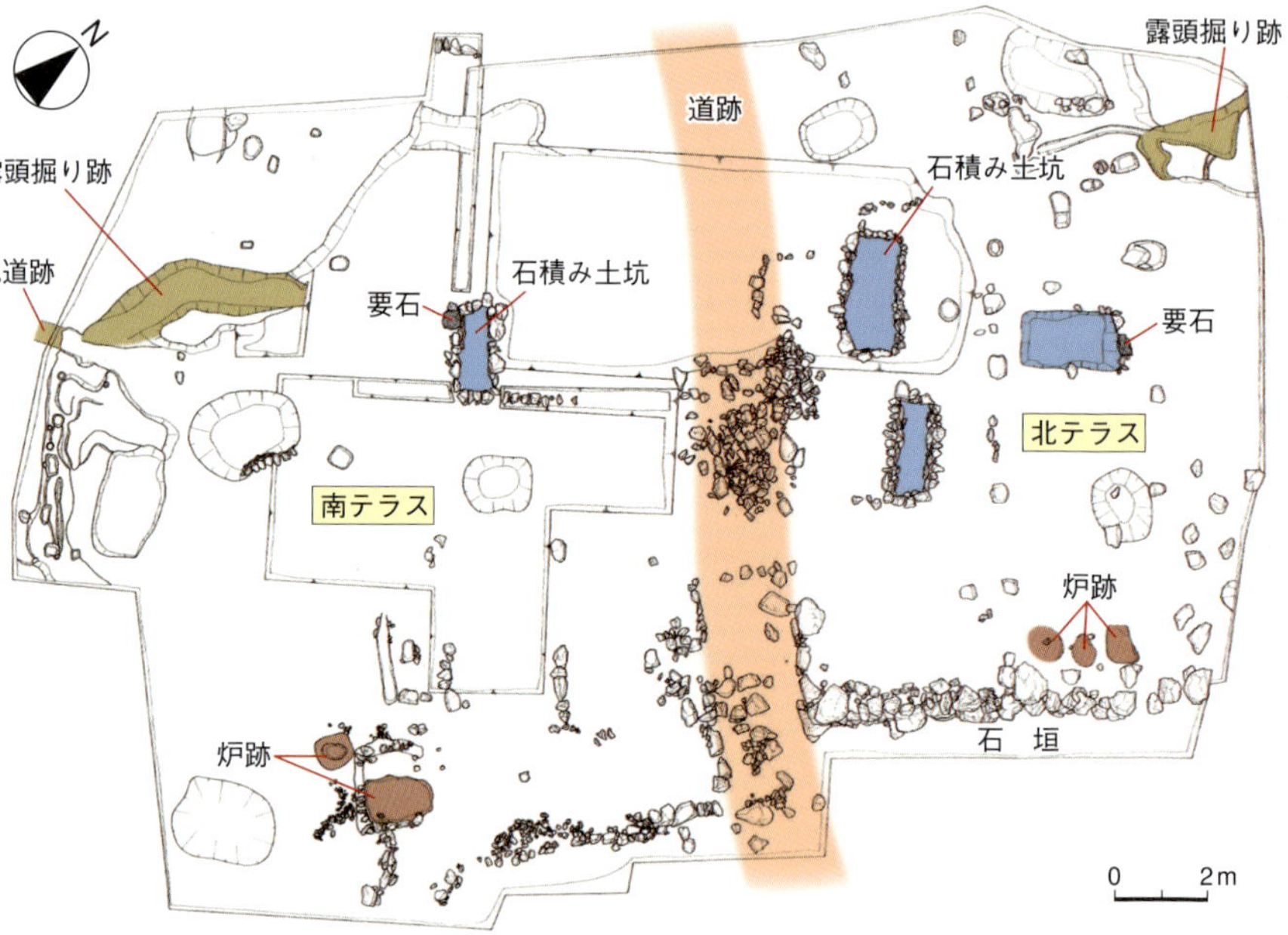

図20 ● 石銀千畳敷地区の遺構図
中央に道跡があり、その両側のテラスに吹屋建物跡がある。吹屋建物跡内には石積み土坑が、南斜面の裾には坑道など採鉱の遺跡が、テラスの東端には炉跡がある。

選鉱・製錬という銀生産工程が山頂の近接した場所でおこなわれ、さらに消費される陶磁器や土器の出土により、人びとが生活していたこともわかったのである。そして、周辺にひろがるテラス群にも、同様の吹屋が存在する可能性を示すことになった。

山頂にサラサラした土砂？

つぎに、テラスのなかをくわしくみていこう。

北テラスの建物跡からは石積みの長方形の土坑がみつかった（図21）。土坑の大きさは長辺が二・三メートル程度、短辺が〇・九～一・〇メートル、深さが八〇センチ。内部には、粒が微小で大きさも均等なサラサラした土砂が大量に堆積していた。また石積みの隙間には粘土がつめられていた。こうした土坑の構造や土砂の堆積の仕方から、この土坑は水をためた施設と考えられた。では、このサラサラした土砂はなにか。

この建物からは、鉱石を磨りつぶす台石の要石と製錬をおこなった炉もみつかっている。そうすると銀生産工程であと必要なのは、磨りつぶした鉱石から不用な土砂をとりのぞく比重選鉱用の施設である。この土坑は水をためた比重選鉱用の施設で、サラサラした土砂は比重選鉱によって不用な土砂が堆積したものではないのか。

そういう視点で遺構の堆積土をみると、いたるところにこのサラサラした土砂が含まれることがわかってきた。このサラサラの土砂を調査上「ユリカス」とよび、その後、銀生産技術とその工程を検証する糸口となっていく。

江戸時代の古文書などには、「ゆり鉢」という丸い盆を使って水中で比重により鉱石を採取することを「ゆりわけ」また「淘《ゆ》る」あるいは「汰《ゆ》る」と記載されている。

アメリカ西部の開拓を描いた映画のワンシーン、川のなかに入った人が、丸い椀や四角い板で水中から土砂をすくい、それを上下左右にゆすって砂金を採取する場面をみた記憶がある。また最近では、国内の鉱山のテーマパークや博物館で、「砂金採り体験」として、水中の砂金を含む土砂を丸い器（パンニング皿）ですくい、水をうまく回転させて砂金と砂に分離し、砂金を採取するコーナーを設けている。これが江戸時代には「ゆりわけ」とよばれる、有用鉱物をとりだし不用な土砂を捨てる作業なのである。サラサラの土砂は微小で均質である。そこには要石で鉱石を磨りつぶす技術が存在した。この比重選鉱の作業から「淘汰」という語が生まれたといわれている。

こうして北テラスの建物内の石積み土坑は比重選鉱用の水溜施設であることがわかったが、実際にはどのように使われたのだろうか。一九世紀に作成された「石見銀山絵巻」では、水を

図21●石積みのある比重選鉱用の土坑
土坑内にはユリカスの褐色の砂層が堆積していた。また土坑の底から打ちこまれた杭や肥前系陶器の碗がみつかった。

張った桶のなかに「ゆり鉢」を入れて比重選鉱するようすが描かれている（図48参照）。この土坑の規模から推測すると、「ゆり鉢」をもって体ごと直接土坑に入り、比重選鉱をおこなったのかもしれない。

ふたつの採鉱の跡

一方、南テラスの南斜面裾にあった坑口は、堆積している土砂を除去し、その規模が明らかになった（図22）。坑口は長方形に近い台形をしていて、上辺六〇センチ、下辺四五センチ、高さ一メートル強で、坑道は奥にむかって右に曲がりながら下がっていく斜坑になっていた。

この坑道の規模は、かつての寸法でいえば左右二尺、高さ三尺だろう。現代人からみるとあまりにも狭い。こんな狭いところを入っていって採掘したのだろうか。鉱山で採鉱経験のある村上安正氏は「坑道の寸法（加背《かせ》）は、二三、三四、四五、五七（尺）であり、上下左右ともかろうじて通行できる程度の狭いものである。左右の二尺は、体を多少ねじって通り抜ける幅を、高さの三尺は屈んだ状態で通行できる高さである」と語っている。

図22 ● 南テラスの南斜面裾にあった坑口
写真上の坑道は「二三の加背」とよばれた大きさの坑口で、この坑口の下から古い時期の露頭掘り跡とひ押し掘り跡が発見された。

この坑道は、鉱脈を追いながら掘りすすめた、いわゆる「ひ押し」とよばれる採鉱法の坑道と考えられ、坑口前付近から出土した陶磁器より、一七世紀後半から一八世紀前半の年代と推定できる。この坑道は、先ほど説明した吹屋建物より新しいものだ。

さらに、この坑口の真下に入りこむ場所から、幅七〇センチ～一・二メートル、深さ七〇センチ前後で、延長五メートル以上になる岩盤を掘削した溝状の遺構がみつかった。この溝を埋めていた堆積土からは、一六世紀第4四半期の年代を示す陶磁器が出土している。

すなわち時系列で整理すると、一六世紀後半に岩盤面にある鉱脈を露頭掘りし、その採掘が終了した跡にテラスが造成されて吹屋が建ち製錬作業がおこなわれ、その後一八世紀前後にふたたび同じ鉱脈を対象に坑口が開けられ、ひ押し掘りの再採掘がされたのではないか。この時期の異なるふたつの採鉱の遺構からは、一六世紀から一八世紀にかけての採鉱技術の変遷をたどることができるのである。

3　賑わった鉱山町「石銀」

石銀藤田地区の発掘

こうして鉱山町のようすが発掘調査によって少しずつ解明されていったわけだが、より豊富な情報を得ることができたのは、同じ山頂の石銀藤田《いしがねふじた》地区であった。

石銀藤田地区の調査では、道路に面して吹屋建物が連続するようすが確認された（図23・24）。

たとえば、四間×一〇間の敷地に、道に面して配置されていた四間四方の建物Aをみてみよう。敷地内では、建物の背後に素掘りの井戸、水をためたと思われる長方形の土坑があり、建物内には選鉱に使用された要石が土間に埋設され、楕円形の土坑と屋外の溝を結ぶ浅い溝と、数基の炉跡がみつかった。

建物の基礎構造は礎石と柱穴を併用したものと考えられ、礎石列は梁行四間に、礎石がほぼ半間間隔で並んでいる。建物の年代は出土した陶磁器の特徴から、第一・第二遺構面ともに一七世紀代と考えられている。

そして、これらの吹屋建物からは、羽口・粘土板（ねこ）・炉壁・ルツボなどの土製品や、鉄鍋・タガネ・ツルハシ・火箸・分銅・刀子《とうす》などの金属製品、要石（磨り臼）・叩き石・磨り石などの石製品、ズリ・選鉱ズリ・ユリカス・カラミなどの廃棄物が出土し、鉱

図23 ● 石銀藤田地区の遺構（西から）
写真手前を左右にのびる2m幅の道に面して、石列と礎石列で区画された敷地がある。4間四方の建物A（写真左側）と5間×4間の建物B（写真右側）がならんでいる。10棟の建物がみつかり、そのほとんどが吹屋と考えられている。

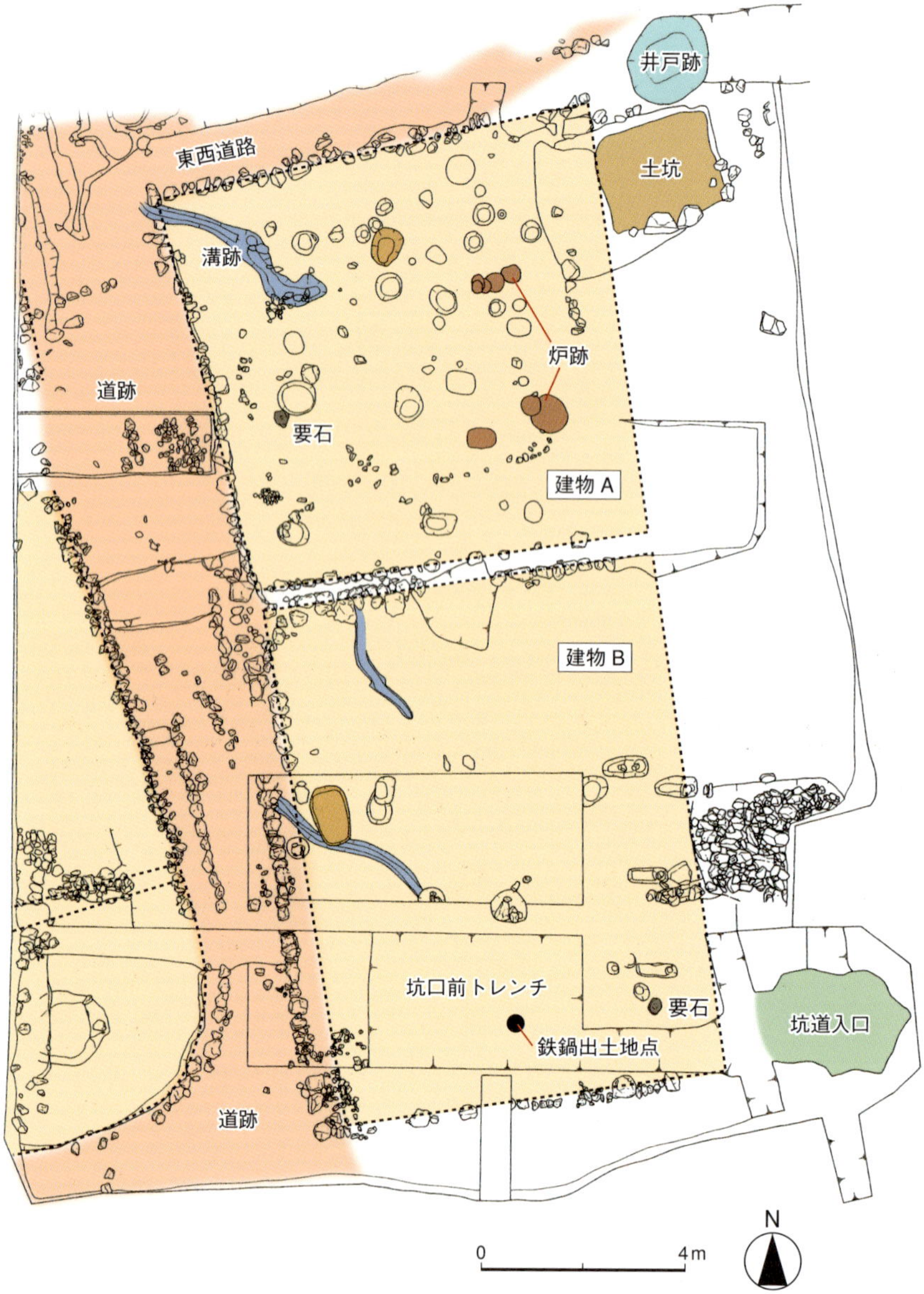

図24 ● 石銀藤田地区の遺構図

道に面して建物がならぶようすがわかる。建物の背後には井戸や土坑などの施設や坑口が配置されている。下層遺構の確認から、建物敷地は東にひろがっていることがわかる。

山遺跡を特徴づける貴重な遺物群となっている（図25）。

職住同一の製錬所「吹屋」

それではこれらの遺構から、この建物Aでおこなわれた作業を復元してみよう。

採掘された鉱石をツルハシなどによって破砕し、鉱石以外を廃棄する。つぎに鉱石を要石の上で叩き、磨り石などを使って「搗く」「磨る」ことにより微粉状にする。微粉状となった鉱石は、屋外で井戸から水をくみ、長方形のくぼ地（土坑）にため、そのなかで比重により選鉱する。

最終的に回収された微粉状の鉱石は製錬工程にまわされる。炉のなかで木炭を燃料として熔解し、最終工程の灰吹炉で灰吹銀を抽出する。炉は熱効率を上げるために湿気を嫌うことから、水を使用する比重選鉱

図25 ● 石銀藤田地区の出土遺物
鉄鍋（左上）、火箸・ツルハシ・タガネなどの鉄製品（右下）、羽口・粘土板などの土製品（左下）といった鉱山の生産道具が、陶磁器（中央～右上）、下駄（左）などの生活用具とともに出土した。

施設とは離してある。また鉛ガスなどの有毒ガスが発生することや火災の発生を防ぐ目的から、換気や火災防止に配慮し、壁際などに設置したと考えられる。

このように建物内外で検出された遺構は、選鉱から製錬までの一貫工程で銀生産がおこなわれたことを示している。一軒の建物（敷地）で銀の製錬工程が完結していると考えられ、こうした建物が多数建設されたことによって、大量の銀生産が可能となったのである。

また、この敷地からは、銀生産に関する道具類とともに、陶磁器、土器の調理具・供膳具・貯蔵具も出土していることから、生活していたこともわかる。「吹屋」の建物は職住同一の製錬所だったのである。

灰吹炉の鉄鍋発見

さて、この吹屋建物Aの南側に隣接する建物Bの背面部、丘陵斜面の裾には坑道の入口があった。そこで吹屋と坑道との関係を明らかにするとともに、下層の遺構を確認するために、その坑道入口にむかって東西方向にトレンチを設定した。

調査の結果、一六世紀後半から一七世紀にかけて数度のかさあげによる造成工事によってテラスが構築されて建物が建ち、第八遺構面までほぼ同じ場所で礎石列がみつかった。そしてこの第八遺構面の礎石建物跡で、灰吹炉として使用された、灰を充填した鉄鍋が出土したのである（図26）。設定したトレンチは幅二メートルという本当にせまい調査区で、ものの見事に原位置のまま鉄鍋にあたったのは幸運な出来事だった。

鉄鍋の置かれていた場所は、床面の四〇センチ四方をやや高くし、その上に拳大の石が敷かれ、この高まりの周囲には木を打ち込み、また二方向は板でかこってあったようだ。

当時、この調査区を担当していた島根県教育委員会の廣江耕史《ひろえこうじ》さんから、鉄鍋らしいものが出土していることは数日前から聞いていたが、慎重に発掘を進めると、鉄鍋のなかには黄色っぽい土が詰まっていると報告があった。調査員で出土状況などを検討し、煮炊きに使う鉄鍋を精錬に使っている可能性があると判断したのが、一九九七年八月八日の暑い夏の日のことであった。

鍋の形態は、弦をつけるための穴のあいた吊耳部分を口縁に三カ所付加したもので、片口が口縁に、底部には短い三足がつく。これまでの研究では、一四世紀ごろから生産され流通した鉄鋳物で、絵巻物などを参考にすると、金輪《かなわ》の上において煮炊きに使われる鍋と考えられている。この鉄鍋でどのように銀をとりだしたのか、それについては第5章でみることにしよう。

採鉱と製錬は別集団？

さて、このトレンチ調査のもう一つの目的、坑道と吹屋の関係はどう解明されたのか。

図26 ● 石銀藤田地区出土の鉄鍋
鉄鍋内の黄色土が灰。奥側の土が盛りあがっていることからわかるように、鉄鍋は少し傾いた状態で発見された。

トレンチ調査の結果から、まず岩盤の表面にある鉱脈を露頭掘りで採鉱し、それが終了すると埋められ、盛り土してテラスが造成され、吹屋が建設された。最初の吹屋の建築年代は、出土した陶磁器の特徴から一六世紀後半と考えられ、その後、一七世紀代までほぼ同じ位置に吹屋は建て替えられながら存続した。そして一七～一八世紀に、ふたたび同じ鉱脈に対して坑道による採鉱がはじまった、という関係が考えられる。

戦国時代は甲斐《かい》の黒川《くろかわ》金山のように、採鉱と製錬を同じ集団が担っていて、戦国時代末から江戸時代になると採鉱と製錬はそれぞれ別の集団が経営し、技術を保持していたと理解されている。これは石見銀山でも同様と考えると、採鉱集団が、掘りだした鉱石を製錬することはないのである。つまり、当時の景観を復元すると、坑道で採鉱していたときには、そこに吹屋は存在せず、建物が廃絶したのちに再採鉱がおこなわれた可能性が高いことになる。

一六～一七世紀、中世から近世への移行期のなかで、鉱山経営を解明する際には、こうした労働集団の実態とその保持する技術について検証していくことは重要である。

竹田地区・於紅ヶ谷地区の発掘

さて、発掘調査は、石銀地区からつづく尾根筋、谷間へと降りていった。

竹田地区は、仙ノ山山頂の東五〇〇メートルに位置し、尾根上から北にひろがる緩やかな斜面上のテラス群である。ここでも土坑、溝、炉跡などの遺構がみつかり、陶磁器のほか鉄鍋・羽口・ルツボ・分銅などの道具類、酸化マンガン鉱石・鉛塊やカラミが出土していることから、吹屋があったことがわかる。

つぎに谷部に位置する於紅ヶ谷地区では、谷を埋めて整地をした二〇メートル四方のテラスを調査した。一七世紀初頭と考えられる礎石建物跡が一棟みつかり、石積み施設一基、比重選鉱に関連する土坑一基、炉跡四基があった。また建物敷地周辺の岩盤には露頭掘り跡や坑道掘り跡が顕著にのこされていた（図27）。ここでは鉱脈を採掘した坑道の一部を発掘した。坑口は縦約九五センチ、横六五センチで、坑道の天井部と床面には、鉱脈を採掘した痕跡と考えられる溝状の跡があった。坑口の寸法は縦約三尺、横約二尺の大きさで、「二三の加背」とよばれるものである。

岩盤加工遺構と貴鉛

同じく谷部に位置する本谷地区は、露頭掘り跡、坑道掘り跡が集中する地域で、福石鉱床の富鉱帯が地表近くにあり、かつてそれが谷筋に露頭していた。

なかでも本谷中腹に位置する釜屋間歩《かまやまぶ》周辺の調査では、谷斜面の岩盤を加工してつくりだされたテラスと、その上の建物跡や土坑、坑口、テラスをつなぐ階段など、

図27 ● 於紅ヶ谷地区の発掘でみつかった坑道跡
建物の廃絶後に、採鉱を目的に掘られた坑道だが、奥行約1.5mで止まっている。採算に見合う品位ではなかったのだろうか。

採鉱と選鉱に関連する複合的で巨大な遺構群がみつかった（図28）。これらの遺構を総称して「岩盤加工遺構」とよんでいる。それは鉱山特有の、三次元に展開する遺跡景観となり、このときはじめて発見された、石見銀山を代表する遺構である。

岩盤は三段に加工され、むかって左側には岩盤を削って階段がつくりだされている。

一番上の第一段は五・六×二一〜二一・五メートルの台形をしていて、中央に一辺が一・五メートルの基壇状の石組みがある。この基壇の上には、墓塔があったと推定される。

そして第一段と第二段の間と、第二段のむかって右側には小坑と溝状遺構がある。この溝状遺構は、第二段にむかって雨水などを導水する目的でうがたれたと推定される。その途中に一・二×一・〇メートルの土坑があり、そこから溝は第二段の壁面にうがたれた土坑へとつながる。この土坑は深さ約五〇センチで、底から三〇センチ上がったところに直径四センチの小穴が開いている。この小穴は栓でふさぐ用途と考えられることから、水溜と推定されている。

第二段は約一五×五メートルのテラスで、六基の方形土坑とそれらを結ぶ溝状遺構、さらに柱穴と推定されるピットが検出されている。土坑内の堆積土にユリカスがみられることから、比重選鉱をおこなうための水溜とそれを結ぶ溝であり、その上を建物がおおっていたと考えられる。

この遺構は非常に精緻につくられ、導水施設である溝が合理的に配置されている。谷の中腹にあって、比重選鉱用の水の確保を工夫するとともに、比重選鉱処理が一度で終わるのではなく、数度くりかえしおこなわれていたのではないか、という印象をもつ。そして、この周囲か

図28 ● 釜屋間歩に隣接する岩盤加工遺構
竹藪を伐採し、薄く堆積した表土をはぐと出現した。周辺には
こうした岩盤加工遺構のひろがりが想定される。

ら採鉱される鉱石が高品位であり、製錬の前処理の段階で可能なかぎり純度を高める技術があったと想定される。

また隣接するテラスでは、一七世紀代の炉跡をもつ建物跡が確認されている。この炉跡のある土間の堆積土中からは、灰吹によって処理される貴鉛《きえん》（銀と鉛の合金。江戸時代には「床尻鉛《とこじりなまり》」とよばれた）が出土したことが特筆される。銀を生産していたことが実物で実証されたのである。この貴鉛についても、くわしくは第5章でみることにしよう。

4　ついに銀を発見

仙ノ山西麓の調査、栃畑谷・出土谷

さて、発掘調査は、仙ノ山西麓の栃畑谷地区、出土谷《だしつちだに》地区でもおこなわれた。すでに紹介したように、この近くには一四三四年（永享六）に勧請された、金山彦命を祭神とする佐毘売山神社が鎮座しており、また栃畑谷には「京町」「京店」「唐人橋」などの地名がのこり、隣接する昆布山谷とともに一帯に古くから鉱山町が形成された地域といわれていた。

調査では、江戸時代後半から明治時代にかけての鉱山関連建物の遺構がみつかった。それらは宅地の石垣、建物の基礎、炉跡などで、遺物は宅地の整地層からの出土を含めると、戦国期一六世紀後半以降の陶磁器類が中心となっている。各調査地点で共通するのは、宅地の造成に廃棄されたズリやカラミを大量に再利用しながら、戦国期以降数度の造成をしていることが明

らかとなったことである。

さらに下層の遺構には陶磁器の特徴から一六世紀前半と考えられるものがあり、初期の銀山開発が一六世紀中葉であることと合致する。なかには一五世紀後半の特徴をもつものがまとまって含まれることから、一四三四年の佐毘売山神社の勧請や神屋寿禎による銀山開発のはじまり＝一五二六年（大永六）を再検討する必要性もある。

灰吹銀の発見

出土谷地区では、造成されたテラス一面をほぼ全域調査し、江戸時代後半の一八世紀後半から一九世紀代の吹屋の遺構が良好なかたちでみつかった。製錬炉の配置、炉そのものの規模や構造が明らかになり、出土したカラミの分析から、おもに永久鉱床の鉱石が製錬されたと考えられている。江戸時代後半の吹屋のあり方を示す資料として貴重である。

また、とくに注目されるのは、建物跡の土間面上の堆積土から、小銀塊（長さ一・八×幅一・二センチ、厚さ六ミリ、重さ五・九五グラム）がはじめて出土したことである（図29）。非破壊による蛍光X線分析で八〇パーセ

図29 ● 灰吹銀
小さな銀塊は、土間面上の土を現場からすべてもちかえり、ふるいにかける整理作業などによって発見された（長さ1.8cm、厚さ6mm、重さ5.95g）。

ント近い銀が含まれていることがわかり、これは銀精錬工程の灰吹により抽出された「灰吹銀」と判断された。

5　町場の精錬専用建物

宮ノ前地区

さて、発掘調査は、銀山・仙ノ山だけでなく大森町のなかでもおこなわれ、宮ノ前という地区（図9参照）で、一七世紀初頭前後の小規模な製錬所建物跡がみつかった。ここは大森町の北端に位置し、江戸時代には幕府直轄領「石見銀山附御料」支配の中枢であった大森代官所や御銀蔵とともに代官所役人の武家住宅が建ちならんでいた場所である。

調査でみつかった建物はきわめて小規模だが、内部には製錬の炉跡が密集していた（図30）。同時期の石銀藤田地区の製錬施設をもつ建物と比較すると、石銀藤田地区では桁行四～五間、梁行四間で住居兼用であるのに対して、この建物は桁行三間×梁行二間の規模で、内部は銀製錬施設のみ存在する。

建物は、北側斜面からの災害時の土石流によって倒壊したと推定され、内部施設をはじめ建築材や壁材などの残存状況がきわめて良好であった。礎石の間に壁の下地である木舞《こまい》と考えられる竹の痕跡がよくのこり、土壁の厚さは一〇センチ前後、建物内部から大量に出土した杉板は屋根材と考えられる。こうした状況から、土壁で、換気用として壁には窓が、屋根には煙突がある板葺屋根の建物が復元された。

特異な吹屋建物

この建物内からは、炉跡が二四基、土坑二基、土間に埋設された要石が一基みつかった。炉跡は同時に全部が操業していたわけではなく、規模、炉内埋土、粘土貼りの有無、下部構造などによっていくつかに分類され、切りあい関係からほぼ同じ位置でつくりかえられた炉や、操業後に土間土で埋められた炉があることが判明し、検出状況も一様ではなかった。

これらの炉跡は、製錬炉と考えて問題はないものの、狭小な建物内に炉が壁際を中心に密接して存在することや、土間から多量の炭が出土したことなどから、居

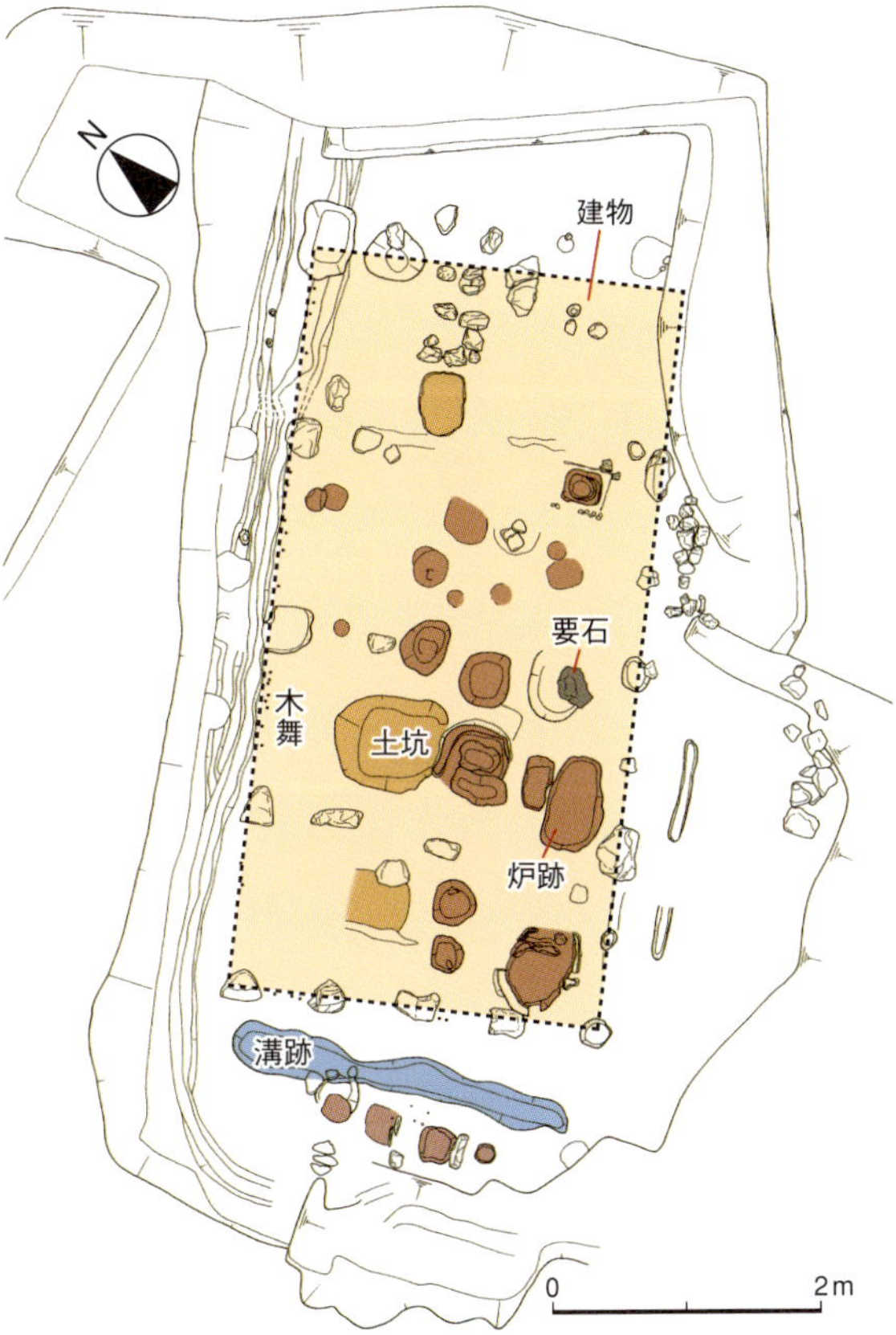

図30 ● 宮ノ前地区の吹屋遺構
狭い範囲に炉跡が密集する。製錬用の道具などの遺物が豊富で、仙ノ山での製錬と比較するうえでも貴重な遺跡となった。

住空間をもたない作業空間のみの銀製錬専用の吹屋建物と考えられる。

さらに、カラミの出土量が少量であることから、製錬工程のなかでも二次精錬、つまり生産された銀の品位を調整する工程を担った吹屋と考えることができる。今後の類例調査や科学調査を待たなければならないが、石見銀山遺跡のなかではこれまで検出されなかった「特異な」吹屋建物であることにまちがいない。

道具類では、炉跡から出土した長さ約二三センチの鉄製品が注目される。木製の柄を差し込むソケット状の空洞をもち、先端部は不完全であるがスプーン状の形態が復元され、製錬用道具と考えられる。近世の文献史料にみえる「ちび」という道具の可能性がある。その他、鉄砲玉とその鋳型の一部と考えられる鉄製品や、建物内だけで無文銭《むもんせん》が三〇〇枚以上出土しており、鋳造や流通を考えるうえで注目される資料である。

この建物は、文献史料にみられる、銀の品位を調える「灰吹屋」や、幕府から指定された銀品位に調える「判屋《はんや》（裏目所《うらめしょ》）」の工房であったと考えられる。それらは民間の精錬業者が公的機関から指定されるという形で存在したと考えられ、役所の近くにあった可能性は高い。

以上、本章では、主要な発掘調査についてみてきた。こうした考古学的調査によって、当時の石見銀山の姿がおぼろげながらも明らかになってきたのである。そこで次章以降、発掘調査の成果から、石見銀山での銀生産のようすと人びとの暮らしについて、一部文献史料も援用しながらみていこう。

第4章　生産と暮らしのようす

1　鉱山都市のなりたちと発展

開発初期の生産

石見銀山では、一五二六年（大永六）の開発初期には、山頂付近の石銀から本谷にかけての福石鉱床を露頭掘りによって採掘した。採鉱された鉱石（または一次製錬した状態の金属）は、おもに鞆ケ浦道を通って鞆ケ浦などの港に運ばれ、船で博多へ、そして朝鮮半島へ運ばれていった。主要な製錬は朝鮮でおこなわれ、生産された銀の多くは中国へ流入していった。

石見銀山では、このころの建物や集落を示す遺構は現在までところ確認されていないが、佐渡や院内などの主要な金銀鉱山に伝えられるような、採掘地近くに「山小屋」を建築し、そこを居住地あるいはベースキャンプにして採鉱し、ある程度採鉱しつくすと、つぎの富鉱帯をさがして移動するという形態をとっていたと思われる。

一方、永久鉱床が開発されていたことも検討しなければならない。というのも、仙ノ山西側山麓の栃畑谷にあり、製錬の神・金山彦命を祭神として祀る佐毘売山神社（図31）は、一四三四年（永享六）に益田（現在の島根県益田市）より勧請され、現在の場所に鎮座しているからである。このことは、開発初期に栃畑谷と昆布山谷を中心に採鉱と製錬、とくに銅を生産していたことを予測させる。

また「於紅《おべに》孫右衛門《まごえもん》縁起《えんぎ》」によると、一五三九年（天文八）、この地域に大水が発生し、昆布山谷の住人一三〇〇余人が流出したという。さらに高野山過去帳にみえる栃畑谷・昆布山谷の住人の記載や、「京町」という地名の存在は、古くから佐毘売山神社周辺に鉱山町が形成されていたことを示していると考えられる。

そうすると、一五三三年（天文二）に灰吹法が導入され定着するまでは、山頂はおもに採鉱の稼ぎ場で、山麓が一次製錬の場であったと考えられる。山頂には採鉱の職人である銀掘りが住み、山麓には山師や製錬の職人、商人、運送業者が住んでいたと想定しないと、この時期の山麓の鉱山町は説明できないだろう。

図31 ● 佐毘売山神社
「山神社」（さんじんじゃ）、「山神さん」とよばれ、時の支配者や銀山の労働者を中心に崇敬されてきた。現在の社殿は1819年（文政2）の再建。いまも4月の例大祭が続けられている。

灰吹法導入後の生産

さて、一五三三年に灰吹法が導入されると、石見銀山現地での銀製錬が可能となる。大量の灰吹銀が生産され、おもに鞆ケ浦道などで港（鞆《とも》ケ《が》岩屋《いわや》、灘《なだ》、古龍《こりゅう》）へ運ばれた。

　灰吹法の導入により採掘地近くに製錬施設を設置するためには、井戸・池・水路などの水利施設の整備が必要となる。発掘調査によって、石銀地区には大規模な水利施設である井戸・水路、比重選鉱の施設である土坑などが発見されている。そして、谷や尾根の斜面に

図32 ● 本谷地区の鉱山町再現ジオラマ
発掘成果から復元された。写真左手の山の斜面あたり、坑道の近くで選鉱作業をおこない、つぎに右手に建ちならぶ吹屋で製錬がおこなわれた。吹屋は土壁、板葺屋根で、屋根の上に煙突があるのが特徴。

は選鉱と比重選鉱によって捨てられたズリやユリカスがいたるところに堆積していることから も、広い範囲で選鉱・比重選鉱作業がおこなわれていたことがわかる。

こうして石銀地区は、銀生産の諸機能を備えた鉱山町、都市的な場へ変貌をとげていく。テラスが造成され、街路や町割り、屋敷割りは地形の影響を受けながらもおこなわれ、そこに吹屋を中心とした建物が建ちならんでいく。毛利家文書にある一六〇〇年の「石見国銀山諸役請納書」によると、石見銀山では採鉱・製錬に課す税である間歩役・汲銀役・炭役などとともに、「石金ノ酒役」(酒造業に課す税)や「谷中駄賃役」(運送業に課す税)、「京見世役」(店舗営業に課す税)などもみられ、石銀地区や銀山全体の鉱山町が生産、生活の場として活況を呈していたことが想像できる。

毛利氏による支配と山吹城

こうした銀山の安定した成長には、毛利氏の鉱山経営が大いに関連していた。

一五六二年(永禄五)、毛利氏は尼子氏との戦《いくさ》に勝利して石見国を平定し、銀山を手中におさめた。そして豊臣秀吉の天下統一後、一五九一年(天正一九)には、豊臣の大名として石見国を掌握する。銀山と銀の積みだし港である温泉津が毛利氏の直轄支配下に入ると、さまざまな分野に課税し徴収するシステムができ、山吹城下にある「休役所《やすみやくしょ》」を拠点とする支配構造のなかに銀山も含まれていく。

山吹城は、戦国期の銀山争奪戦、毛利氏による銀山支配、そして江戸幕府直轄領へと時代が移るなかで、銀山支配の拠点となった。銀山、仙ノ山と対峙する要害山（標高四一四メートル）の山頂と山麓に城の施設がのこっている。要害山は南北方向にのびる尾根上に屹立した山容をみせ、四方とも急峻な斜面で、山頂に立つと日本海から中国山地まで全方位で眺望がひらけ、銀山支配の拠点にふさわしい、まさに要害であることが実感できる。

要害山東側の山裾に位置する大手には、休役所に関連する遺構がのこっている。休役所の石垣は高さ約四・五メートル、長さは三分の二以上が失われているが、約一二メートルにもなる巨大な石垣と、その西側にテラスがひろがっている。

休役所の東側には「焔硝蔵《えんしょうぐら》」という地名がのこり、石垣をもつ台形状のテラスがある。ここが大手の防御の拠点となる枡形《ますがた》で、櫓《やぐら》などの施設が想定される。

大手には「下屋敷」「山吹八幡社」「大満寺」などの地名がのこっており、伝承では銀を収める「吉迫御文庫《よしさこごぶんこ》」があったという。大満寺は墓地

図33 ● 上空からみた山吹城跡
大手と搦手（からめて）側からの2本の登山ルートが整備されている。所要時間はそれぞれ1時間程度。本来の大手からの登城は、下屋敷から山吹八幡社を経て山頂の郭（くるわ）に着くルートが想定されている。

をともなう寺跡があり、大手北側の大龍寺谷には毛利氏と縁のある大龍寺跡があり、二つの寺院は防御上重要な位置にあった。また、大手の東側には「千京」、銀山川をはさんで「魚店」「植（上）市場」などの地名があり、城下には店や市があったことが推察される。

このように戦国期の銀山支配の拠点であった山吹城は、近世初頭、初代奉行大久保長安のもとで城の普請をへて継続し、その後、幕府

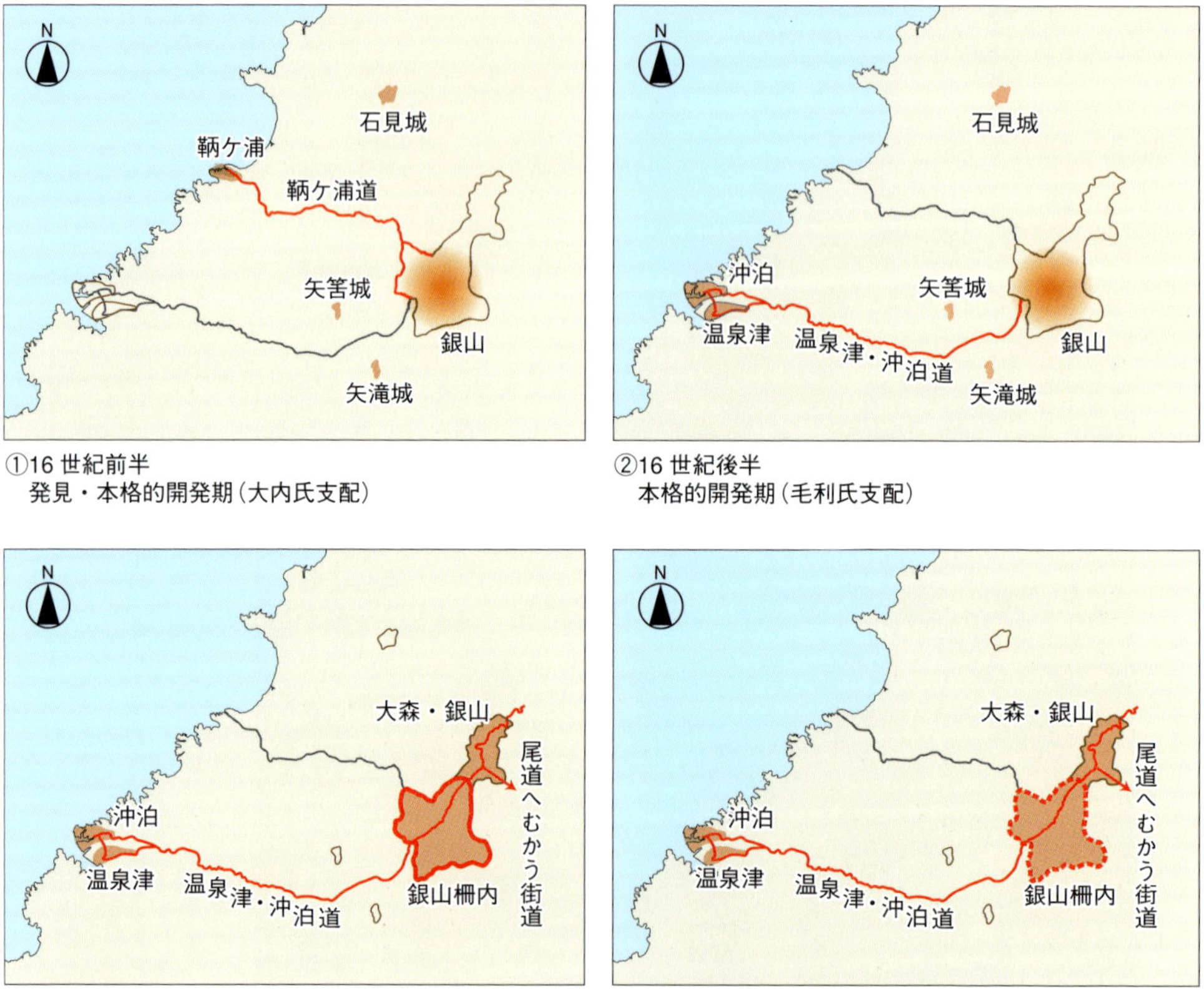

①16 世紀前半
発見・本格的開発期（大内氏支配）

②16 世紀後半
本格的開発期（毛利氏支配）

③17 世紀初頭
銀山最盛期（徳川氏支配）

④17 世紀前半〜19 世紀後半
江戸時代開発継続期（徳川氏支配）

図34 • 石見銀山の産業システムの変遷
③の段階以降、江戸幕府の貨幣制度のもとで、銀は貨幣の原資として陸路で大森から瀬戸内海側の尾道へ、さらに海路で大坂へ運ばれた。また温泉津の港湾は、銀山への物資を供給する外港へと性格を変えていく。

が銀山に柵列を設置し、奉行所を大森町に移設したことで、その政治的な役割は終焉を迎えることになった。

秀吉の重臣で歌人でもあった戦国大名、細川幽斎《ゆうさい》は、一五八七年（天正一五）に銀山を訪ねた際に「城の名もことわりなれや間歩よりもほる白銀を山吹にして」（『九州道の記』）と詠んでいる。城とともに、銀生産現場の活気と町や市場の賑わいを目の当たりにしたことだろう。

2　鉱山町の暮らし

遺物からみた生活

前章でみてきたように、一六世紀後半から一七世紀前半にかけての最盛期に、仙ノ山山頂には鉱山町が出現した。出土した大量の遺物は、そこが経済的にも文化的にも豊かな暮らしが展開した都市的な場であったことを雄弁に物語っている。

石銀藤田地区では、木製品や獣骨などの有機質遺物が良好な状態で保存されていた。坑口前トレンチである。鉄鍋がほぼ原位置のまま出土した遺構面の上層で、建物がなんらかの災害によって倒壊したと考えられ、建物の床面には建築材だけでなく、漆塗りの椀・傘の軸・櫛・下駄などの木製品、イノシシ・イヌ・シカの骨、また魚の骨やウロコといった生活の遺物が約四〇〇年間パックされていたのである。

多様な木製品のなかでも下駄が注目される。子どもの下駄もある。下駄はある程度整備された道を歩く履物だ。石銀藤田地区では幅約二メートルの道跡がみつかっているが、その道はズリをふくんで硬く締まっていたことが明らかになっている。また、出土した下駄の一つに、かかとが当たる部分に山と地平線と船を線刻したものがあった（図35）。めずらしいもので、実用品ではなかったのかもしれない。

石銀藤田地区で出土した生活にかかわる遺物で種類・量とも豊富なのは陶磁器で、なかでも碗・皿などの日常の食器、すり鉢などの調理具、水瓶などに使われた甕や壺が中心だ（図36）。トレンチからは漆塗りの椀のほか杉材を細く加工した箸も出土した。食卓の風景が少しだけみえてくる。大量の陶磁器のなかには唐津焼の花瓶もあった。鉱山労働者を中心に構成される町に、花を愛でるような経済的に豊かな身分階層の人もいたことがわかる。

また、女性が身につけた木製の櫛やガラス製のかんざし、子どもの玩具らしいウミガメの土人形なども出土した。このことは山頂の鉱山町に家族で住んで働き、生活していたことを物語っている。

また、キセル（雁首《がんくび》・吸口《すいくち》）が出土していることから、労働者がタバコを嗜好していたこと

図35 ● 発掘された船の線刻がある下駄
よくみると、下方に帆船が、上方に二つの山と地平線が線刻されている。石見銀山発見の伝承をモチーフにしているのか。

もわかる。仕事の合間に一服していたのだろうか。また碁石などもみつかっている。

さらに、経済や流通に関わる銭貨、なかでも中世から近世初頭にかけて全国的には都市遺跡からの出土が知られる無文銭が石見銀山からは数百枚出土しており、注目される。また、火縄銃の引き金や用心金《ようじんがね》、銃弾などもあり、銀生産活動と戦についての検証も必要である。

石造物調査からみえる鉱山社会

「銀山百ヶ寺」という言葉が伝えられているように、石見銀山では寺社や寺社跡、さまざまな石造物がのこされており、石造物調査に

図36 ● 発掘された陶磁器
鉱山町で使われた陶磁器の数々。唐津、備前、瀬戸美濃、志野、綾部などの国産陶器のほか、中国、朝鮮、タイの輸入陶磁器もある。

継続してとりくんでいる。

　石造物調査のねらいは、銀山開発に関わった人びとの信仰や葬送儀礼のあり方を具体的に復元することである。調査は一九九九年からスタートし、山中で所在地を確認し概数を把握する分布調査と、実測や写真撮影、採拓などの悉皆調査を併行しておこなった。現地の厳しい環境下で積み重ねられてきた地道な作業こそ、まず評価されなければならない。

　その成果は報告書に譲ることとして、報告された大量の墓石造立数は、銀山に多くの人が暮らしていたことを明解に示している。石造物数は、銀山地区六九カ所で六五〇〇基、大森地区一四カ所で六〇〇〇基、温泉津・沖泊地区三九カ所で三五〇〇基にもなっている。

　銀山地区の紀年銘のある墓石数の変遷を一〇年ごとにみると、一五九〇年代から一六三〇年代まで二〇基を超えるが、一六四〇年代から一七〇〇

図37 ● 安原備中墓所の石塔
仙ノ山の南斜面の中腹、安原谷の奥に位置している。組合せ宝篋印塔3基、一石宝篋印塔2基、一石五輪塔1基、円頂方形墓標1基がある。

年代までは一気に減少して一〇基を下まわり、一七一〇年代からふたたび急増し、一八〇〇年代が八〇基でピークになり、また減少していく。これは一六世紀後半から一七世紀はじめにかけての最盛期と、その後の産出量の減少、そして一七世紀末から幕府による金銀銅山の採掘奨励という操業の盛衰を反映しているといえる。

石造物のかたちは、一六世紀後半から一七世紀前半のものは全国的な展開とよく似ており、一つの方柱状の石材を加工する一石《いっせき》五輪塔《ごりんとう》・一石宝篋印塔《いっせきほうきょういんとう》と、組合せの五輪塔・宝篋印塔である（図38）。そのうち石見銀山で特有な点は、この時期に一石宝篋印塔が多数造立されたことであり、他地域と際立った差異とされている。立正大学の池上悟氏は、一石宝篋印塔は、一石五輪塔と組合せ宝篋印塔の折衷として、石見銀山地区で考案された可能性が高いとしている。

また一七世紀代における組合せ宝篋印塔が、奉行墓に限定されることなく各寺院墓地に造立されていることは、銀山地区特有の様相である。大型の組合せ宝篋印塔は墓塔の

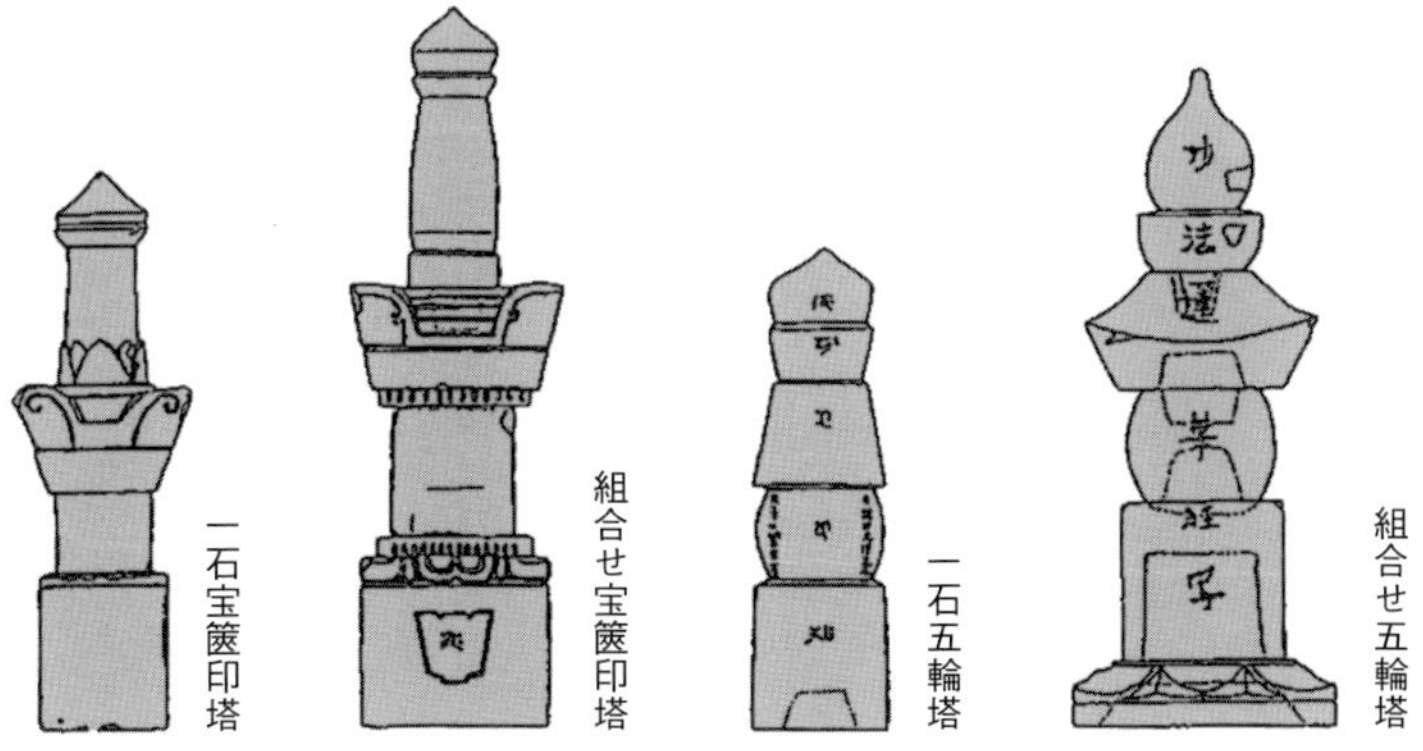

図38 ● 石見銀山でみられる墓塔
1570年代から温泉津福光石（ふくみついし）製の石塔が使われはじめる。仙ノ山北麓の龍昌寺跡には、1572年（元亀3）銘の組合せ宝篋印塔と1577年（天正5）銘の一石五輪塔がある。

なかでも一番上位にあたると考えると、とくに石銀地区にのこされた大型の組合せ宝篋印塔は、鉱山技術者集団を統括するトップ＝銀山師に関わる墓塔と想定できる。

前章でみた釜屋間歩の岩盤加工遺構の第一段の基壇にも、また江戸初期の大山師・安原伝兵衛《やすはらでんべえ》の安原備中霊所（墓所とは別）に安置してあったのも、この大型の組合せ宝篋印塔だったのかもしれない。

また、調査成果のひとつとしてとりあげなければならない石造物に特殊墓標がある。銀山山麓の長楽寺墓地にあったもので、一石を加工し、正面のくぼみに「＋」の表現が認められる。この形状から考えると、上部にとりつく墓石が突起した部分を隠すことが想定され、「＋」は十字を示し、キリシタン墓の可能性がある。

≪コラム≫

初代石見銀山奉行、大久保長安

一六〇〇年（慶長五）に石見銀山接収にあたり、翌年、初代石見銀山奉行となった大久保長安は、在任中に石見を六回訪れていることが確認されている。通常は、現地にいる代官（役人）に書状を送り、銀山の支配・管理を指示していたようだ。

石見に伝わる「吉岡家文書」などからは、銀山の支配・管理だけでなく、吹屋の経営やそこで使用する道具類についても指示したことがわかっており、行政官としてだけでなく、技術者としての一面を知ることができる。

図39●大久保長安木像（佐渡・大安寺蔵）

一六〇〇年の書状からは長安が吹屋を五軒経営していたことが知られ、一六〇二年（慶長七）の書状では「ふいこ六丁・しやうぜん六本・大からミ取四本・中からミ取二本、口明からミ取二本・くま手五丁・ゑぶり四本・こすき六枚」といった吹屋入用品の指示を出している。

このように銀山の管理は、毛利氏の支配下では多くの税を課す体制であったが、江戸幕府の支配下では、直接、銀生産や銀山の経営を管理する方式へと大きく転換した。

なお、長安が自身のために建立した石見大安寺が下河原にあったが、一九四三年の大水害によって倒壊し、境内には大久保長安墓所として江戸中期に再建された供養のための五輪塔が現存するだけである。また倒壊、破損した巨大な宝篋印塔が発見され、これは生存中に逆修塔として造立されたものと推測されている。その後、長安は一六〇三年（慶長八）には佐渡奉行、所務奉行（のちの勘定奉行）に任じられて、幕府経営の実力者になったが、一六一三年（慶長一八）に死去した直後、家康から逆臣とされ、一族・関係者が処罰された。

第5章　銀生産の実態解明へ

1　採鉱の実態

おびただしい採鉱の遺跡

石見銀山での採鉱は、岩盤の表面にある鉱脈を採鉱する「露頭掘り」（図40）から、地下にのびる鉱脈を追いかけて採鉱する「ひ押し掘り（ひ延べ掘り）」へ、さらに排水や通気に必要な坑道などを設置しながら、必要に応じ測量して鉱脈を掘り進む「坑道掘り」へと発展していったと考えられる（図41）。石見銀山の最盛期である一六世紀後半から一七世紀前半には、これらの採鉱技術が岩盤や鉱脈の状況に応じて採用されたのであろう。

一九九七年から二〇〇二年度にかけて、採鉱遺跡の分布調査が仙ノ山のほぼ全域で実施された。この調査によって、露頭掘り跡五一カ所、坑道跡五八三カ所が確認された。あくまでこの数字は地表面観察の成果であるから、地下に埋もれた遺構を加えるとこれ以上の数になる。またひとつの坑口から坑内に入ると、縦横無尽に何本もの坑道がのびていて、遺跡の数だけで採鉱の実態をつかむには無理がある。具体的に鉱床と採鉱遺跡の分布、採鉱技術の変遷について、石銀地区から本谷へと歩きながらみていこう。

石銀～本谷の採鉱跡

石銀地区は、発掘調査を実施した地点が標高約四七〇メートルで、そこから南東に本谷を下っていくと、標高約四〇〇メートルのところに本間歩がある。このあいだは露頭掘り跡が顕著にのこる地域で、採掘した後の地形が谷斜面では断面がU字の溝になるように、あるいは岩盤が露頭しているところでは断面が長方形の溝になるように鉱脈を掘っている。

図40●露頭掘りの跡
3本の鉱脈を露頭掘りによって採鉱した後、そのままひ押し掘りによって掘り進んでいる。仙ノ山東斜面にあり、高さは約10m。

本間歩の上方の発掘地点では、露頭掘りと考えられる岩盤の肩付近で、表面にうがたれたピットを四基みつけた。大きさは直径約二〇センチ前後、深さ約三〇～五〇センチで、杭・柱が立てられた可能性がある。採鉱をおこなう足場や移動のための施設、土どめの施設などが想定される。

本間歩から標高約三六一メートルの釜屋間歩までのあいだは、比較的谷幅がせまく、露頭掘りの痕跡は少ない。このあたりから坑口が矩形の坑道がある。そして釜屋間歩周辺にいたると、いっぺんに谷地形がひろがる。

釜屋間歩は、江戸時代に幕府が直営する御直山《おじきやま》（五カ山）のひとつとされ、坑口は矩形で内部を観察すると鉱脈をそのまま追い、掘り進んだひ押し掘りであるが、坑内は縦横無尽に坑道が走行している。また斜面には、鉱脈を溝状に露頭掘りし、さらにそこから地下へとひ押し掘りをした痕跡がある。

さらに下って、釜屋間歩から標高約三〇七メートルの大久保間歩のあいだはふたたび谷幅が狭くなる。釜屋間歩付近にはテラスがみられるが、大久保間歩付近では狭くて数も少ない。

大久保間歩は、釜屋間歩と同様に、江戸時代には御直山のひとつとして一七九八年（寛政

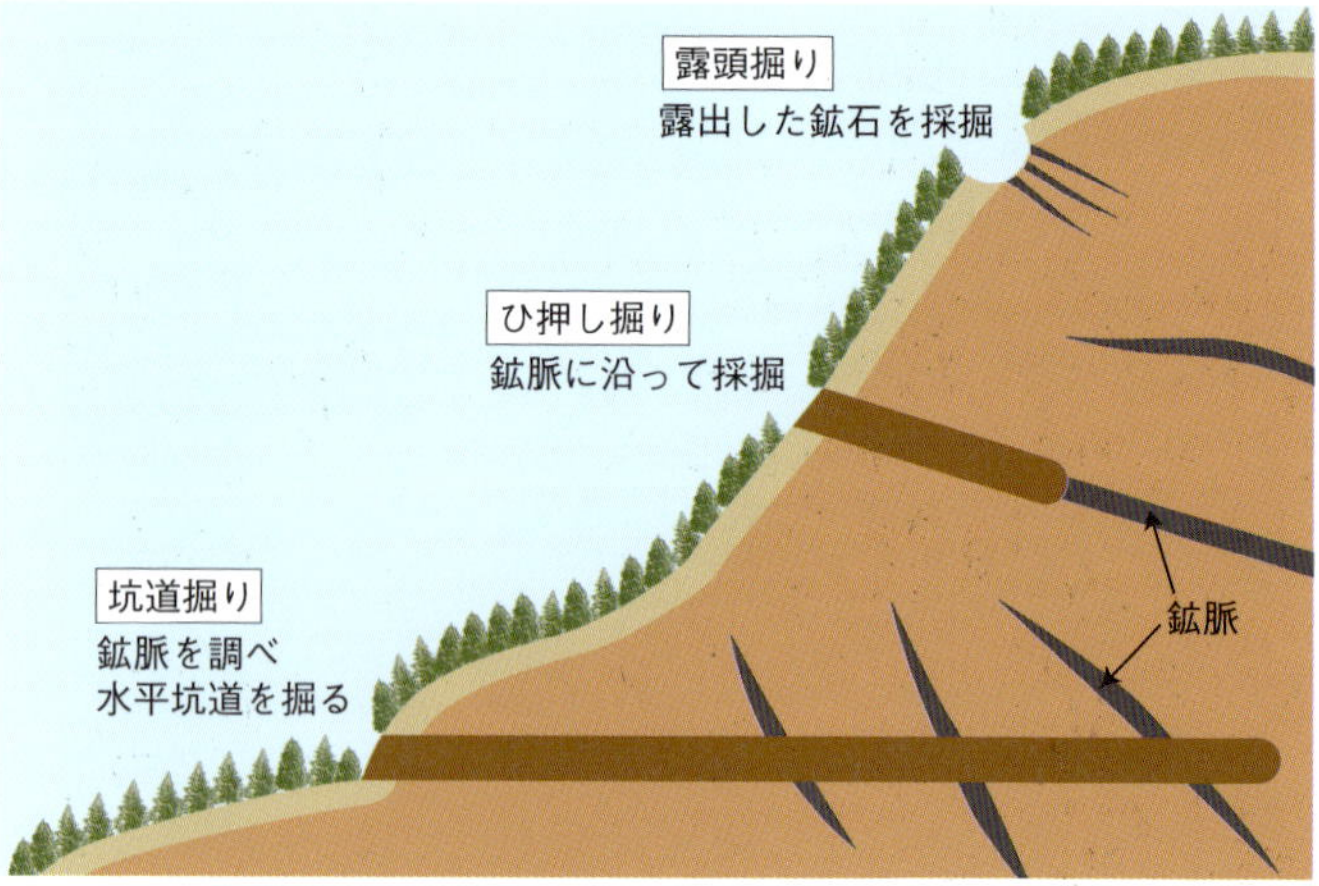

図41 ● 採鉱の3つの方法
ひ押し掘りは、地下水がたまると採鉱が不可能になるが、測量による坑道掘りをして、水を抜く疎水坑を掘る技術によって、再開発が可能になった。

一〇）から開発された。また福石鉱床の最下部に位置することがわかっており、主坑道は「横相《よこあい》」とよばれる、銀鉱脈をさがして鉱脈のないところを掘鑿した（一般的には、鉱脈の走行方向に直交して当たるように坑道を掘鑿すること）坑道だ。坑内には下部にある「金生坑《きんせいこう》」という坑道と結ぶ連絡坑道がある。金生坑内を実見したが、疏水（排水）坑として採掘された坑道であった。

採鉱の技術

江戸時代までの日本の鉱山技術は、手労働による掘鑿と小規模な坑道にみられるような労働集約型であることはすでにふれた。そのなかで「ひ押し掘り」から「坑道掘り」への技術の発展は画期的なことであり、鉱山史上ではこの時期を一六世紀から一七世紀ととらえ、大きな技術革新としている。

一六九一年（元禄四）に、銀山方地役人の阿部光重がまとめた「万覚書」によると、銀鉱石のあるところを「切場《きりば》」または「引立《ひきたて》」といい、「横二尺竪三尺（約六〇×九〇センチ）」に掘鑿する、と解説している。また、銀を含まない鉱脈を掘鑿すること

図42 ● **採鉱のようす**（「石見銀山絵巻」より）
掘子はタガネを山箸ではさみ、カナヅチで叩いて採鉱した。この作業のようすは、佐渡金銀山の絵巻にも同様に描かれていることから、技術移転したと想定される。

を「寸法《すんぽう》」といい、古い間歩（坑道）が落盤などでつぶれたところを復旧することを「仕道《しどう》」とよんでいる。採鉱作業を具体的にイメージするために、一九世紀代に描かれた「石見銀山絵巻」をみておこう。

採鉱では、掘子は左手でタガネを山箸ではさみ、右手でカナヅチで叩いている（図42）。その際の照明は、サザエやアワビの貝殻に木綿の燈芯を入れて火をともしたものだ。掘子は採鉱された鉱石をカマスに入れ背負う。頭には手ぬぐい（テヘンといった）をかぶり、足元は足裏の半分がのる「足半《あしなか》」をはいている。

採鉱とともに、角樋による大がかりな排水作業（図43）や留山師による坑木設置、農業用の唐箕《とうみ》による採鉱現場への送風のようすなども坑内作業として描かれている。

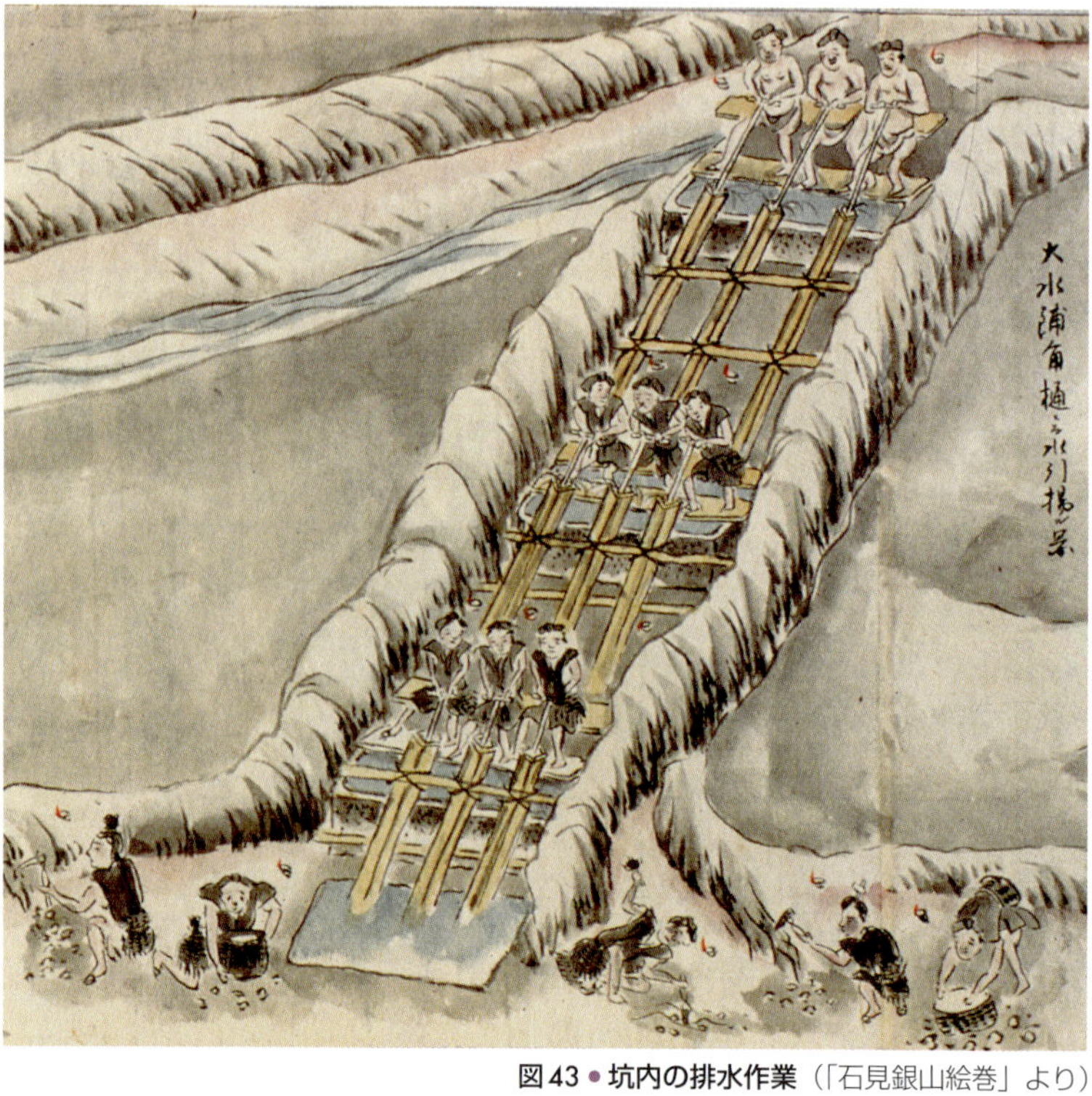

図43 ● 坑内の排水作業（「石見銀山絵巻」より）

採鉱の鉱山道具

採鉱道具の出土例は意外と少ない。素材が鉄であるため腐食したり、タガネは坑夫が所持し、先端を何度も鋳なおして使用したといわれていることによるかもしれない。

図44①～④は於紅ヶ谷地区で出土したタガネの図である。現存の状態で、長さは五・四センチ～九・七センチ、幅は一・二センチ～一・七センチで、形状は楔形をしていて断面は正方形に近い。欠損しているものが多いが、消耗してないほぼ完形品もあり（図44②）、それは長さ九・七センチ、幅は一・七センチである。

於紅ヶ谷地区の検出遺構の年代は、出土陶磁器の特徴から一六世紀後半～一七世紀初頭とされ、出土したタガネも同時期のものと推定される。調査区内と隣接地には一六世紀から一七世紀代の採鉱跡があることから、

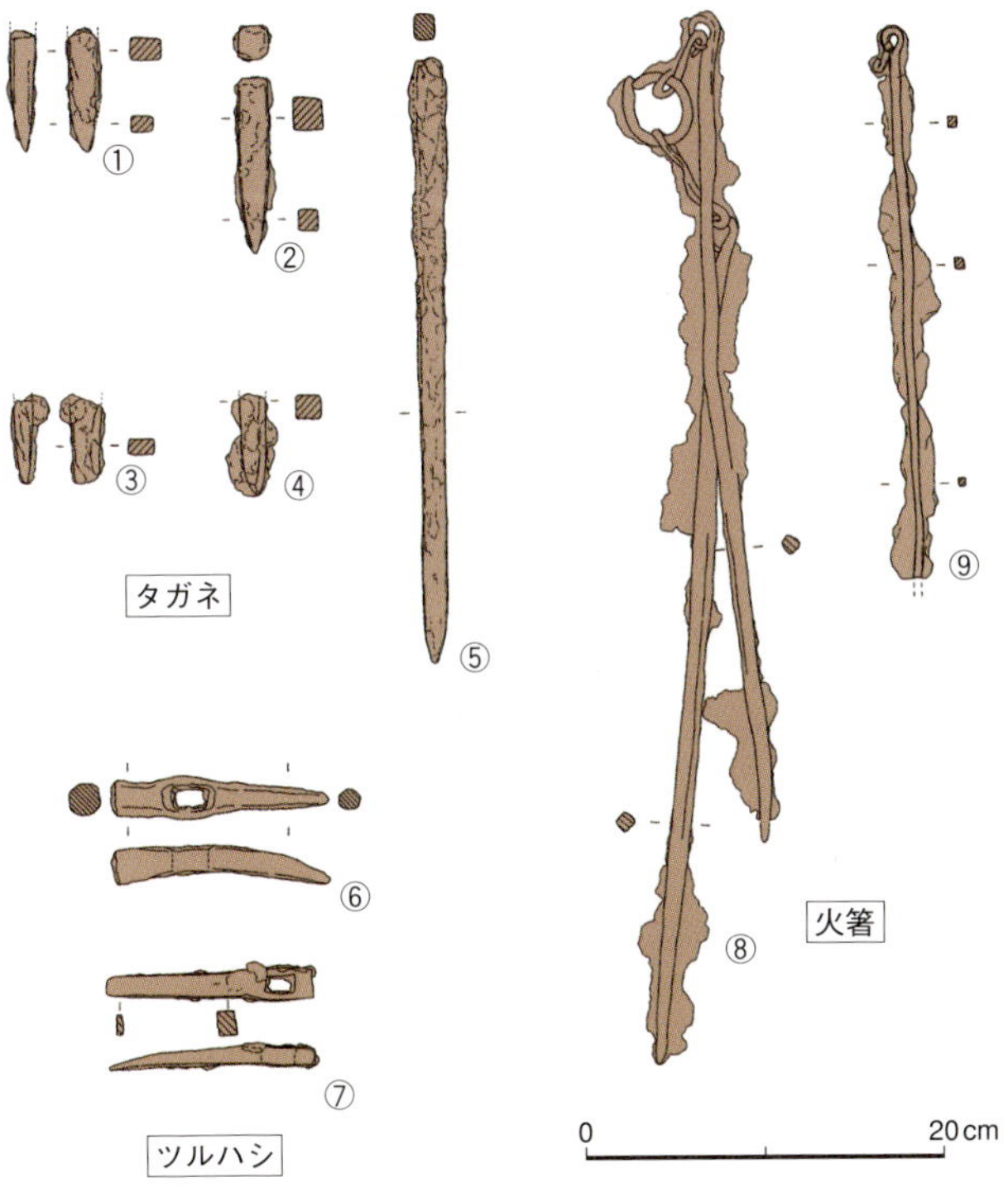

図44 ● 出土した鉄製の鉱山道具
ツルハシ⑥⑦は選鉱作業に、火箸⑧⑨は製錬作業に使われた。
⑤は文献史料にはみえない用途不明の道具である。

これらのタガネは福石鉱床の採鉱に使用されたと考えられる。

年代が下って、一七四七年（延享四）に記された「銀山覚書」には、タガネの長さは約一五～一八センチ、断面は一辺が約二・三センチとあり、長さも断面も大きくなっている。その理由のひとつは、「銀山覚書」の記された一八世紀中ごろの採鉱の中心は永久鉱床で、そこは福石鉱床にくらべ岩盤がやわらかいことが考えられる。このほか文献史料には、「ヌタギリ」「ナカイシ」といった片手で使用するツルハシ状の道具の記載もあり、採鉱や坑内掘鑿に使用されたらしい。

2　選鉱の実態

要石（磨り臼）

つぎに、選鉱の技術をみてみよう。

選鉱は一般的に、鉱石を粗選別した後、ツルハシでくだいて鉱石と石を選別し（図45）、鉱石を石臼で微粉状に粉砕し、水流を利用して比重選鉱する作業である。

甲斐の黒川金山や湯之奥《ゆのおく》金山などの金山遺跡における鉱山臼の調査研究を参考に、石見銀山遺跡から出土した選鉱に使用する石製品を分類すると、凹石《くぼみいし》（図46④～⑦）、

図45 ● **要石でくだく作業**（「石見銀山絵巻」より）
要石の上でツルハシを使って細かくくだく。要石はこうした破砕するときの台石になり、粉砕するときの磨り臼にもなった。女性が作業しているのも注目される。

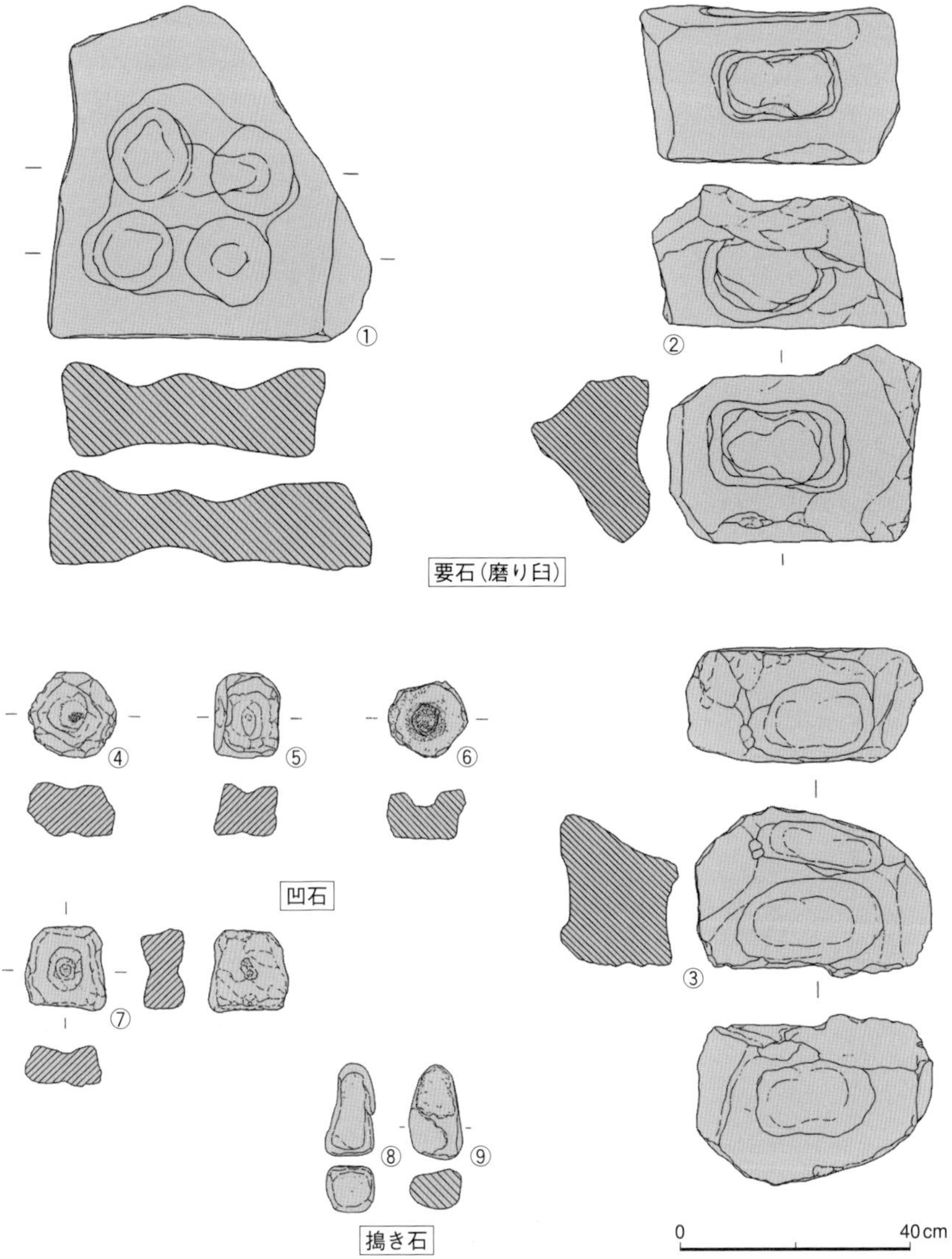

図46 ● 出土した選鉱作業の石製品
要石①のようにくぼみが小さいものは「搗く」作業、②③のようにくぼみが大きく浅いものは「磨る」作業に用いたと考えられる。②③のように平坦にして使えないものは、土間に埋めて使用したと推定される。

搗き石・磨り石（図46⑧⑨）、要石（磨り臼）（図46①〜③）がある。

その工程は、要石を台石にして粗割用の凹石で鉱石を粗割りする。つぎに、粗割した鉱石を、要石の上でツルハシや搗き石（磨り石）で「搗く」ことによって破砕し、最後に磨り石によって「磨る」ことで微粉状にしたものと考えられる。

作業の台石にした要石には安山岩が使用された。表面に円形や楕円形をしたくぼみが一つか複数あり、小さく深いくぼみでは「搗く」作業がおこなわれたと想定される。なお、これまでの調査では、石見銀山からは選鉱用の回転臼は出土していない。

選鉱・比重選鉱技術の変遷

一九世紀に記された史料「銀吹方並図解」では、選鉱の工程はつぎのようになっている。まず坑内から運びだされた鉱石は、「えぶ」という目の粗いざるに入れ、水を入れた「半切《はんぎり》」という桶のなかで洗う。すると鉱石についた土石は水底にたまる。

図47 ● 足踏み式唐臼（「石見銀山絵巻」より）
唐臼を使った大がかりな選鉱作業。絵巻が描かれた19世紀代には、永久鉱床の採鉱が中心になっていた。福石鉱床にくらべてやわらかく、選鉱する前に鉱石が焙焼されることから、この方法が採用されたのだろうか。

つぎに「えぶ」のなかにたまった鉱石をツルハシでくだき、石と鉱石に分け、石は捨てる。さらに「半切」の底にたまった土砂に混じる鉱石は「ゆり鉢」という木製の鉢に入れ、水につけてゆすって土石をとる。こうして得られた精鉱が製錬工程にまわされる。「石見銀山絵巻」でも、この史料と同様の作業が描かれている。大きなちがいは選鉱された鉱石を足踏み式の唐臼で粉砕（図47）する場面があり、つぎに水をためた桶のなかでゆり鉢を使って比重選鉱するように描かれている（図48）点だ。

さて、これら一九世紀の史料から想定される選鉱作業は生産量が減少したころの小規模な作業をあらわしていて、一六世紀後半から一七世紀前半の大量生産時の作業はちがったかたちでおこなわれていたと推測される。

一七世紀には、河川の水流を利用した大規模な比重選鉱施設とも推測される「坂根谷ニ而ゆり場」や、選鉱の職人と思われる「鏈《くさり》（＝鉱石）おろし手」など、院内銀山にもみられるような選鉱専門の職人集団の存在や、井戸や水路を配した水利施設による大規模な選鉱・比重選鉱施設があったことが考えられる。このことは、丘陵斜

図48 ● 比重選鉱作業（「石見銀山絵巻」より）
「半切」という桶に水を入れ、粉砕した鉱石をゆり鉢に入れて水中で回転させると、比重のちがいによって重い銀や銅を一カ所に集めることができる。

面などにみられるユリカスの堆積からも想定することができる。鉄生産における「鉄穴流し《かんなながし》」による大規模な砂鉄採取技術の開発が、まさに一六、一七世紀にあることと関連して、今後も検討する必要があろう。

3 製錬の実態

製錬の炉跡

製錬遺構である炉跡は、これまでに各調査地区で合計一〇〇基以上がみつかっている。ほとんどが円形で、地面をすり鉢状にくぼめる「地床《ぢどこ》」タイプで、そこに粘土を貼り構築した炉跡もある。

調査区ごとに検出された炉跡の数は、福石鉱床のエリアでは、石銀藤田地区が合計二九基、石銀千畳敷地区が六基、竹田地区が一一基となっている。このうち石銀藤田地区についていえば、建物Aの一七世紀前半の床面から八基検出されている。この八基のうち七基は直径二五〜五〇センチの円形をしていて、そのうちの一基は炉内部に粘土を貼っていることが確認されている。

永久鉱床のエリアでは、栃畑谷地区が一七基、出土谷地区が一一基で、年代は江戸期から明治期までの幅がある。出土谷地区のⅡ区建物跡は一八世紀後半から一九世紀代と推定されており、六基の炉跡のうち五基が直径は三〇〜九〇センチの円形で、すべての炉が全体に熱を受けており、そのうち一基が炉内に粘土を貼った状況で出土している。

このように発掘調査の成果を概観すれば、製錬炉は円形のものが多く、そのほかに方形・隅丸方形・楕円形などもあり、その規模や粘土貼りの有無、被熱の状況もさまざまである。引きつづき基礎データの蓄積をしながら、科学調査をおこない、工程のどの段階の炉になるのか検証することが必要であろう。

また、排出されたカラミ、送風装置の一部である羽口、粘土板、火箸などの道具類が出土しており、これらは炉の特定に重要な資料となっている。

灰吹法の導入

石見銀山で大量の銀生産を可能にした精錬技術、これが灰吹法である。灰吹法は銀製錬工程のうち、精錬（銀抽出）の最終工程でおこなわれる作業で、銀と鉛の合金（貴鉛という）を融点の

図49 ● 灰吹の作業（「石見銀山絵巻」より）
図中央の直径約１ｍの大型炉で灰吹がおこなわれた。炉の上に椿の生木を３本渡し、図上方の一丁フイゴで送風している。文献史料によると、炉の灰には製塩の際に出る松葉の灰が適しているという。

差（銀九六二度、鉛三二八度）を利用して、鉛を灰のなかに沈め、銀だけを灰の上にのこす技術である。灰吹に鉄鍋が利用されたのは蓄熱と防湿の効果があり、灰に吸収された酸化鉛の回収に効果があったと考えられる。

すでに述べたように、石見銀山に導入された灰吹法は朝鮮から移転した銀精錬技術と考えられている。「朝鮮王朝実録」の燕山君九年（一五〇三）に、朝鮮半島北部の端川銀山で「灰吹法」をおこなった記事があり、鋳鉄製の鍋のなかに灰をつめて、銀を含む鉛をそのうえに置き、陶器片で四方をかこみ、木炭を燃やしてこれを熔かしたとある。また一五三九年（中宗三四）には、倭人から銀をふくんだ鉛を購入したことや、倭人に造銀技術を伝えた人物が罰せられたという記事がある。

さて、この鉄鍋を使用した灰吹炉は、石見銀山では文献史料には出てこない。しかし、佐渡金銀山では鉄鍋を灰吹炉に使用することが文献史料や絵巻物に登場する。これは石見に導入された鉄鍋を使用する灰吹法が佐渡に移転したと考えられている。では、石見では定着せず、異なる技術が採用されることになったと理解してよいのだろうか。

石見銀山では、福石鉱床から銅を含む永久鉱床に採鉱の中心が移るにしたがって、製錬では銀と銅を吹き分ける工程をへて灰吹きをおこなうことが必要になった（図49）。一七世紀末の文献では、「南蛮絞り」という技術を導入したとある。灰吹炉は植物性の灰を入れる直径約一メートルの大型炉が説明されており、鉄鍋炉からの変遷は、銀鉱石の大量処理と銀銅吹き分け技術の導入が大きな要因と考えられる。

鉄鍋の科学調査

石銀藤田地区から出土した鉄鍋は、出土状況などから「灰吹精錬をおこなった鉄鍋」であることは確信していたが、それを実証するため、奈良文化財研究所の村上隆先生のもとで、X線撮影、CT撮影、内部の土の蛍光X線定量分析、X線回折などの科学調査が実施された。

この結果、内部の土からは灰の成分を示すカルシウムなどとともに、銀、鉛などの金属が検出され、またX線回折によって骨の成分の水酸化アパタイトが検出された。さらに土のなかから大型哺乳類の骨片が検出されたことから、内部の土は骨を焼いた「骨灰」であり、銀、鉛を含むことから灰吹精錬をおこなったと断定されたのである。

二〇〇四年にはレプリカ作成と保存処理のために内部の土をかきだすことになり、すべての土をふるいにかけたところ、微少な金属片が回収された。この金属片は銀鉛合金と銀であることが分析結果から確認された。

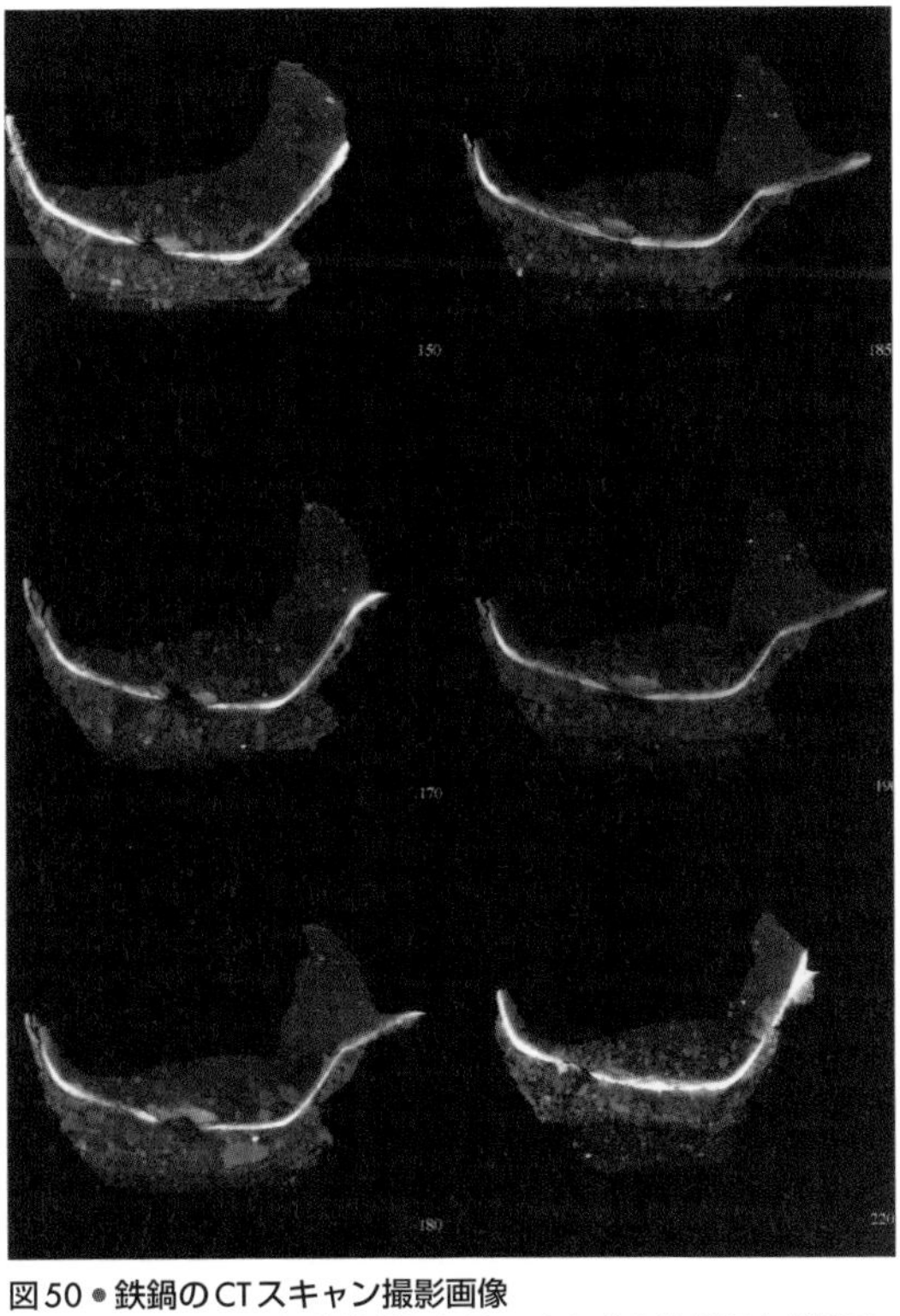

図50●鉄鍋のCTスキャン撮影画像
灰のつまった状態がわかる。さまざま分析調査が慎重におこなわれた。また少量の灰自体の分析から、銀・鉛などの金属とともに、骨の成分が検出された。

また内部の灰の観察から、火箸によって何度か灰をかきまぜたことが観察され、鉛を再利用するためにとりだしたり、灰を調えた痕跡と推測された。発掘調査時のX線撮影で、鉄鍋内の灰が大きく二層に分層されることがみてとれたが、この上層が鉛の回収などのために灰をよくかきまぜた層になることが、一九九七年の発見から七年後に判明したのである。火鉢の灰を火箸でかきまぜた経験のある世代としては、なるほどと合点がいったのである。そして、こうして鉄鍋の使用法と灰吹の痕跡を解明できたのは、科学調査と連携する態勢をつくり、分析データを蓄積してきた地道な作業の成果によるものであった。

鉄鍋炉と方形炉

さて、宮ノ前地区の精錬工房でみつかった二四基の炉跡のうちの一つも、鉄鍋を炉とした灰吹炉と考えられる。形は四〇×三八センチの隅丸方形で、その中央が三〇×二四センチの楕円形にくぼみ、深さは七センチある。

くぼみの内部は炭を含む褐色土が堆積しており、くぼみの周囲は熱を受けた痕跡はない。ほかの炉跡との大きなちがいは周囲に板囲いの痕跡があることで、二方向には板そのものが残存していた。板囲いのなかは周囲の土間の土とは異なる粘土質の土が貼られ、鉄鍋そのものは失われているが、遺構は石銀藤田地区の鉄鍋を使う灰吹炉とほぼ同じ状況と考えられた。鉄鍋の足も出土している。

石銀藤田地区と宮ノ前地区の二つの炉跡に共通するのは、鉄鍋をくぼみのなかに据えて、粘土によって固定し、その粘土の周囲を方形に板囲いをすることで土間より一段高く置き、灰吹炉を構築したと想定されることである。このように考えるならば、これまで方形炉としていたものは、鉄鍋を使う灰吹炉になる可能性があることになる。

たとえば、石銀藤田地区の東に位置する竹田地区では、一六世紀後半と推定される遺構面から、方形に粘土を貼る炉が連続して構築されている遺構が確認されている。周辺からは鉄鍋の破片が出土し、破片に付着する土の科学分析から鉛・銀が検出され、灰吹に使われた鉄鍋であることが判明している。

貴鉛と灰吹銀

第3章でみたように、貴鉛は、本谷地区釜屋間歩の東側の第三トレンチから出土し、長さ三センチ、幅二センチ、厚さ〇・四センチの不整形な楕円形を呈し、重さは約一三グラムである（図51）。成分は鉛が約八〇パーセント、銀が約一五パーセント含まれる鉛銀合金であることが分析データから明らかとなった。灰吹をおこなう前段階の中間生成物である。

出土谷地区の江戸時代末と推定される包含層から出土した灰吹銀は、長さ一・八センチ、幅一・二センチ、厚さ六ミリの楕円形をしていて、重さは五・九五グラムである。定性分析の結果、

図51 ● 貴鉛
江戸時代には「床尻鉛」とよんでいた。鉄鍋・貴鉛・灰吹銀の出土は、石見銀山の銀製錬の工程を具体的に解明する貴重な資料となった。

主成分が銀で、そのほかビスマスと鉛、銅で構成されることが明らかとなった。

これは実際に灰吹の工程を証明する遺物が出土したという点でその意義は大きく、江戸時代末には「南蛮絞り」を現地でおこなっていたことを示すものである。ビスマスや銅を多く含むことより、原料には付近に産出する永久鉱床の鉱石を使用したと考えられ、裏面には、カルシウム分を多く含む灰と推定される粒子を酸化鉛が膠結している状況が確認されている。

科学調査による製錬工程モデル

このように発掘調査と連携した出土遺物の科学調査より、石見銀山の選鉱や製錬の具体的な姿が少しずつ明らかとなってきた。その成果のひとつが、一六世紀後半から一七世紀前半に石見銀山でおこなわれたと推定される、選鉱・製錬工程のフローチャートである（図52）。

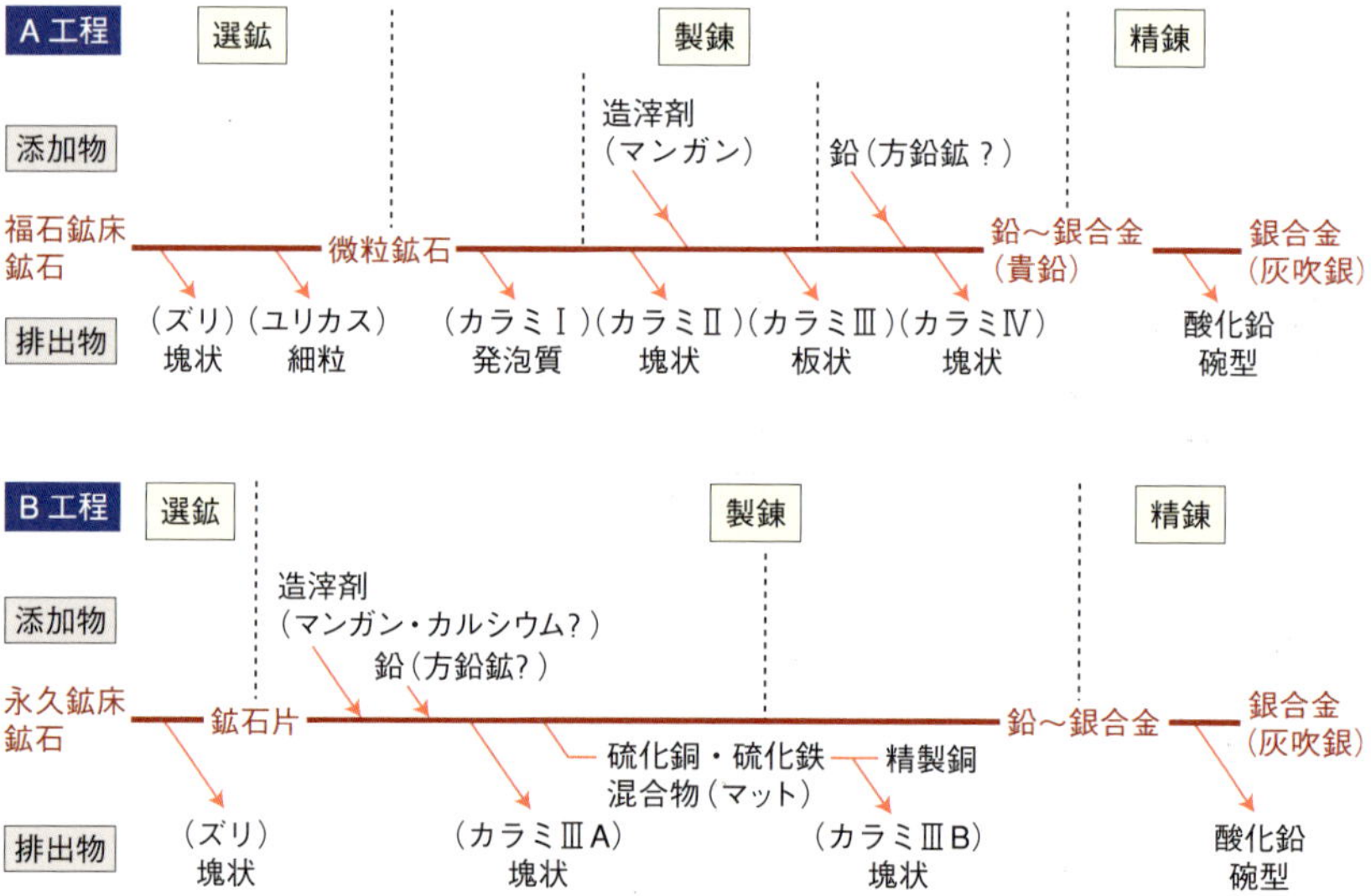

図52 ● 石見銀山での製錬工程モデル
選鉱と製錬工程で、ズリ・ユリカス・カラミなどの廃棄されたものを中心に分析することで、フローチャートが示された。文献史料にみえる工程との比較検討が必要とされる。

Ａ工程は、福石鉱床の分布する地域（石銀藤田地区・於紅ヶ谷地区・竹田地区）より出土した遺物や遺構の調査をふまえて作成したものである。

これらの地域では、選鉱作業にともなうズリとユリカスが出土し、鉱石を選鉱する要石も多くみつかっている。ズリやユリカスからは多量の銀や鉛が検出された。カラミは全般にあまり多く出土しないが、岩石の組成に近い発泡質のもの（カラミⅠ）、鉄の多い塊状のもの（カラミⅡ）、マンガンを顕著に含む板状のもの（カラミⅢ）、銀や鉛を多く含む塊状のもの（カラミⅣ）の四種類が出土している。製錬をおこなった炉跡には、地床タイプの円形や方形のもの、鉄鍋を用いたものなどいくつかの種類が確認されているが、分析値と炉の形態を結びつける区分にはいたっていない。

Ｂ工程は、永久鉱床の分布する地域（出土谷地区・栃畑谷地区）より出土した遺構や遺物の調査をふまえて作成したものである。

選鉱工程の遺物としては、金属鉱物をほとんど含まないズリしか出土しておらず、選鉱用の要石もあまり出土していない。カラミは、塊状や流動状のものが非常に多く出土しており、板状のものもかなり出土している。出土する炉跡は地床タイプのもので、いくつかの種類が認められるが、福石鉱床同様、分析値と炉の形態を結びつけるまでにはいたっていない。

二つの鉱床のそれぞれの製錬工程が存在することは文献史料からも知られていたが、発掘調査の出土資料や遺構を検討し提示されたフローチャートの意義は大きい。

第6章　石見銀山の終焉と未来

1　石見銀山の終焉

一七世紀初頭には一万貫ともいわれた石見銀山の銀生産量は、一八世紀後半には一〇〇貫目前後まで落ちこむようになり、その後大きく生産量を増やすことなく、幕末に至ることになった。また一七世紀代以降には銅生産にも着手したが、十分な生産量は上がらなかったようである。

明治維新を迎えた石見銀山は、官営鉱山にはならず民間に払い下げられ、しばらくは地元の有力者によって経営されたが、一八八七年（明治二〇）になって大阪に本社をおく藤田組が採掘の権利をすべて買いとり、「藤田組大森鉱山」を発足させ操業を開始した。藤田組は、当初はその主力を清水谷におき、福石鉱床の銀鉱石を採鉱し、収銀湿式製錬による清水谷製錬所を一八九五年（明治二八）に建設し操業を開始した（図53）。

この銀生産は西洋技術をとりいれ、電気などの動力によって、採鉱から製錬まで工程のかなりの部分が機械化されていた。近世の小規模なユニットの集積による銀生産体制から、採鉱・選鉱・製錬の工程をトロッコなどでつなぎ、谷全体に施設・工場が配置されたのである。

清水谷製錬所は欧米の製錬技術を採用して設計されたものであるが、製錬所は谷地形の斜面を巧みに利用し、階段状に平坦地を造成して建設されており、斜面の土どめに石垣を多用することなど、近世の系譜をひく土木技術が採用されている。一方、現地には機械など

図53 ● 操業時の清水谷精錬所と現況
かつての威容を示す大規模な石垣（写真下）。発掘調査では、品位分析に使用されたキューペルが大量に出土した。

の基礎部分にレンガを使用した痕跡などもあり、和洋それぞれの技術からなる構造物が存在している。近世から近代への移行期における近代化遺産であり、石見銀山の最後の鉱山遺跡として貴重である。

この清水谷を拠点とした福石鉱床の開発は、採算に見合う銀鉱石が江戸期に採りつくされていたことなどにより、製錬所はわずか一年半で休業することになった。

その後、永久鉱床の採鉱を引きつづきおこなっていたが、一八九九年（明治三二）に有望な銅鉱脈が発見され、一九〇二年（明治三五）には柑子谷《こうじだに》に永久製錬所が完成し、銅を中心として生産する鉱山として安定した生産を存続させた。しかしながら、第一次世界大戦後の銅価格の暴落などによる経営不振によって、一九二三年（大正一二）には休山を迎えることとなり、四〇〇年続いた鉱山の歴史は終焉を迎えることになった。

2　石見銀山の未来

石見銀山遺跡が世界遺産登録されてから五年目を迎えた二〇一二年は、世界遺産条約採択四〇周年という記念すべき年でもあった。京都で開催された記念行事の最終会合では、条約四〇年の成果のひとつとして、「人類共通の世界遺産の重要性を強調し、遺産保護のための国際協力の促進を通じて、社会の結びつき、対話、寛容、文化的多様性と平和に大きく貢献していること」があげられている。このことは条約が世界平和と人権尊重をめざすというユネスコの理念のもとにあって、すばらしい成果と評価されている。

最盛期の石見銀山の鉱山町を想像してみよう。銀生産を目的として石見国内外から、一部には海外から、多くの人たちが集住し、鉱山町が生まれた。鉱山労働者だけでなく、商人や職人、それ以外の身分の人たちも集まり、都市的な場となっていった。都市であるがゆえにそこには差別・被差別も存在したが、さまざまな身分階層の人たちがそれぞれの役割を果たすことで巨大な鉱山都市を支え、膨大な産銀を成功させることができた。このことに思いをはせたい。

これからも鉱山とその社会に関わるさまざまな史資料を対象とした調査研究が進められていく。また、保全と活用を進めるうえでは、時宜にかなった情報発信を継続していくことが求められる。石見銀山に関わるすべてのとりくみが、ユネスコの「平和と人権尊重」の精神に貫かれたものであってほしい。

最後に、巨大な銀鉱山遺跡が今日あるのは、遺跡を抱える地域住民の、息の長い愛護活動や保存活動が続けられてきたことを忘れてはならない。そして、未来にむかって、遺跡と自然と暮らしが守られ、引きつがれていくために、本書がその役割をわずかでも果たせれば幸いである。

参考文献

池上悟『石造供養塔論攷』ニューサイエンス社　二〇〇七年
今村啓爾『戦国金山伝説を掘る―甲斐黒川金山衆の足跡―』平凡社　一九九七年
遠藤浩巳「近世石見銀山の鉱山技術―文献史料の分析を中心に―」『石見銀山関係論集』思文閣　二〇〇二年
荻慎一郎「鉱山」『新体系日本史一一　産業技術史』山川出版社　二〇〇一年
小葉田淳『日本鉱山史の研究』岩波書店　一九六八年
神崎勝・佐々木稔『鉄と銅の生産の歴史―金・銀・鉛も含めて―』雄山閣　二〇〇九年
佐々木潤之介「銅山の経営と技術」『講座・日本技術の社会史　第五巻　採鉱と冶金』日本評論社　一九八三年
島根県教育委員会・大田市教育委員会『石見銀山遺跡総合調査報告書第二冊　発掘調査・科学調査編』一九九九年
島根県教育委員会・大田市教育委員会『石見銀山遺跡発掘調査報告書Ⅱ』二〇〇五年
島根県教育委員会・大田市教育委員会『石見銀山遺跡発掘調査報告書Ⅲ』二〇〇一三年
島根県教育委員会『世界遺産石見銀山遺跡とその文化的景観　公式記録誌』二〇〇七年
島根県教育委員会・大田市教育委員会『石見銀山遺跡テーマ別調査研究報告書Ⅰ』二〇一一年
田中琢監修『別冊太陽　石見銀山　世界史に刻まれた日本の産業遺産』平凡社　二〇〇七年
仲野義文『銀山社会の解明　近世石見銀山の経営と社会』清文堂　二〇〇九年
葉賀七三男「ゆりわけ（淘汰）・こなし（粉成）」『金属』一〇月号　一九九〇年
萩原三雄「鉱業―黒川金山・石見銀山」『史跡で読む日本の歴史七　戦国の時代』吉川弘文館　二〇〇九年
村井章介『日本中世境界史論』岩波書店　二〇一三年
村上隆『金・銀・銅の日本史』岩波書店　二〇〇七年
山口啓二「金銀山の技術と社会」『講座・日本技術の社会史　第五巻　採鉱と冶金』日本評論社　一九八三年

石見銀山世界遺産センター

・島根県大田市大森町イ1597－3
・電話　0854（89）0183
・開館時間　8：30～18：00（12月～2月は17：30まで）
・休館日　毎月最終火曜日・年末年始
・展示室観覧料　大人300円、小中学生150円
・交通　JR山陰本線「大田市」駅よりバスにて約30分「世界遺産センター」下車。車の場合は国道9号線・仁摩支所前左折約10分

世界遺産「石見銀山遺跡とその文化的景観」のガイダンス施設。展示室では、模型、映像、レプリカ、再現品を中心にして、「世界史に刻まれた石見銀山」「石見銀山の歴史と鉱山技術」「石見銀山の調査・研究」「石見銀山遺跡とその文化的景観」をテーマに展示している。また、埋蔵文化財センターとしての機能を有しており、発掘調査により出土した遺物の展示もおこなっている。石見銀山の観光コースやイベント情報も紹介している。

石見銀山世界遺産センター

石見銀山資料館

・島根県大田市大森町ハ51－1
・電話　0854（89）0846
・開館時間　9：00～17：00（入館は16：30まで）
・入館料　大人500円、小中高生200円
・休館日　年末年始（12月29日～1月4日）、特別展の前後
・交通　JR山陰本線「大田市」駅よりバスにて約26分「大森代官所跡」下車。＊世界遺産センターと大森代官所跡の連絡バスあり。

大森代官所跡に地元有志が開館した。建物は一九〇二（明治三五）年に建てられた旧邇摩郡役所をそのまま利用している。石見銀山の採掘工具や古文書、鉱石、「石見銀山絵巻」などを展示しており、当時の石見銀山の様子を学ぶことができる。

石見銀山資料館（旧邇摩郡役所）

刊行にあたって

「遺跡には感動がある」。これが本企画のキーワードです。

あらためていうまでもなく、専門の研究者にとっては遺跡の発掘こそ考古学の基礎をなす基本的な手段です。また、はじめて考古学を学ぶ若い学生や一般の人びとにとって「遺跡は教室」です。

日本考古学では、もうかなり長期間にわたって、発掘・発見ブームが続いています。そして、毎年厖大な数の発掘調査報告書が、主として開発のための事前発掘を担当する埋蔵文化財行政機関や地方自治体などによって刊行されています。そこには専門研究者でさえ完全には把握できないほどの情報や記録が満ちあふれています。しかし、その遺跡の発掘によってどんな学問的成果が得られたのか、その遺跡やそこから出た文化財が古い時代の歴史を知るためにいかなる意義をもつのかなどといった点を、莫大な記述・記録の中から読みとることははなはだ困難です。ましてや、考古学に関心をもつ一般の社会人にとっては、刊行部数が少なく、数があっても高価なその報告書を手にすることすら、ほとんど困難といってよい状況です。

いま日本考古学は過多ともいえる資料と情報量の中で、考古学とはどんな学問か、また遺跡の発掘から何を求め、何を明らかにすべきかといった「哲学」と「指針」が必要な時期にいたっていると認識します。

本企画は「遺跡には感動がある」をキーワードとして、発掘の原点から考古学の本質を問い続ける試みとして、日本考古学が存続する限り、永く継続すべき企画と決意しています。いまや、考古学にすべての人びとの感動を引きつけることが、日本考古学の存立基盤を固めるために、欠かせない努力目標の一つです。必ずや研究者のみならず、多くの市民の共感をいただけるものと信じて疑いません。

監　修　戸沢　充則

編集委員　勅使河原彰　小野　昭　小野　正敏　石川日出志　小澤　毅　佐々木憲一

著者紹介

遠藤浩巳（えんどう　ひろみ）

1960年、島根県生まれ。

島根大学法文学部文学科歴史学専攻卒業。

現在、大田市役所勤務。1989年より大田市教育委員会文化財技師として発掘調査等を担当。

おもな著作「近世石見銀山の鉱山技術―文献史料の分析を中心に―」（『石見銀山関係論集』思文閣）、『街道の日本史38　出雲と石見銀山街道』（共著、吉川弘文館）、『中世の対外交流　場・ひと・技術』（共著、高志書院）ほか

写真提供（所蔵）
島根県立古代出雲歴史博物館：図1・12・13
島根県教育庁文化財課世界遺産室：図2・4・6・7・8・17・31・33・40
大田市教育委員会：図5・16・18・19・21・22・23・25・26・27・28・29・32・35・36・37・50・51・53
宮城県図書館：図14
津和野町教育委員会：図15
大安寺：図39
中村俊郎：図42・43・45・47・48・49

図版出典（一部改変）
大田市教育委員会：図9・11・20・24・30・44・46
島根県教育庁文化財課世界遺産室：図10・34・38・52

シリーズ「遺跡を学ぶ」090

銀鉱山王国・石見銀山

2013年10月10日　第1版第1刷発行

著　者＝遠藤浩巳

発行者＝株式会社 新 泉 社
東京都文京区本郷2-5-12
振替・00170-4-160936番　TEL03(3815)1662／FAX03(3815)1422
印刷／萩原印刷　製本／榎本製本

ISBN978-4-7877-1240-0　C1021

シリーズ「遺跡を学ぶ」

A5判／96頁／定価各1500円＋税

◉第Ⅰ期（全31冊完結・セット函入46500円＋税）

01 北辺の海の民・モヨロ貝塚　米村衛
02 天下布武の城・安土城　木戸雅寿
03 古墳時代の地域社会復元・三ツ寺Ⅰ遺跡　若狭徹
04 原始集落を掘る・尖石遺跡　勅使河原彰
05 世界をリードした磁器窯・肥前窯　大橋康二
06 五千年におよぶムラ・平出遺跡　小林康男
07 豊饒の海の縄文文化・曽畑貝塚　木﨑康弘
08 未盗掘石室の発見・雪野山古墳　佐々木憲一
09 氷河期を生き抜いた狩人・矢出川遺跡　堤隆
10 描かれた黄泉の世界・王塚古墳　柳沢一男
11 江戸のミクロコスモス・加賀藩江戸屋敷　追川吉生
12 北の黒曜石の道・白滝遺跡群　木村英明
13 古代祭祀とシルクロードの終着地・沖ノ島　弓場紀知
14 黒潮を渡った黒曜石・見高段間遺跡　池谷信之
15 縄文のイエとムラの風景・御所野遺跡　高田和徳
16 鉄剣銘一一五文字の謎に迫る・埼玉古墳群　高橋一夫
17 石にこめた縄文人の祈り・大湯環状列石　秋元信夫
18 土器製塩の島・喜兵衛島製塩遺跡と古墳　近藤義郎
19 縄文の社会構造をのぞく・姥山貝塚　堀越正行
20 大仏造立の都・紫香楽宮　小笠原好彦
21 律令国家の対蝦夷政策・相馬の製鉄遺跡群　飯村均
22 筑紫政権からヤマト政権へ・豊前石塚山古墳　長嶺正秀
23 弥生実年代と都市論のゆくえ・池上曽根遺跡　秋山浩三
24 最古の王墓・吉武高木遺跡　常松幹雄
25 石槍革命・八風山遺跡群　須藤隆司
26 大和葛城の大古墳群・馬見古墳群　河上邦彦
27 南九州に栄えた縄文文化・上野原遺跡　新東晃一
28 泉北丘陵に広がる須恵器窯・陶邑遺跡群　中村浩
29 東北古墳研究の原点・会津大塚山古墳　辻秀人
30 赤城山麓の三万年前のムラ・下触牛伏遺跡　小菅将夫
別01 黒耀石の原産地を探る・鷹山遺跡群　黒耀石体験ミュージアム

◉第Ⅱ期（全20冊完結・セット函入30000円＋税）

31 日本考古学の原点・大森貝塚　加藤緑
32 斑鳩に眠る二人の貴公子・藤ノ木古墳　前園実知雄
33 聖なる水の祀りと古代王権・天白磐座遺跡　辰巳和弘
34 吉備の弥生大首長墓・楯築弥生墳丘墓　福本明
35 最初の巨大古墳・箸墓古墳　清水眞一
36 中国山地の縄文文化・帝釈峡遺跡群　河瀬正利
37 縄文文化の起源をさぐる・小瀬ヶ沢・室谷洞窟　小熊博史
38 世界航路へ誘う港市・長崎・平戸　川口洋平
39 武田軍団を支えた甲州金・湯之奥金山　谷口一夫
40 中世瀬戸内の港町・草戸千軒町遺跡　鈴木康之
41 松島湾の縄文カレンダー・里浜貝塚　会田容弘
42 地域考古学の原点・月の輪古墳　近藤義郎・中村常定
43 天下統一の城・大坂城　中村博司
44 東山道の峠の祭祀・神坂峠遺跡　市澤英利
45 霞ヶ浦の縄文景観・陸平貝塚　中村哲也
46 律令体制を支えた地方官衙・弥勒寺遺跡群　田中弘志
47 戦争遺跡の発掘・陸軍前橋飛行場　菊池実
48 最古の農村・板付遺跡　山崎純男
49 ヤマトの王墓・桜井茶臼山古墳・メスリ山古墳　千賀久
50 「弥生時代」の発見・弥生町遺跡　石川日出志

◉第Ⅲ期（全26冊完結・セット函入39000円＋税）

51 邪馬台国の候補地・纒向遺跡　石野博信
52 鎮護国家の大伽藍・武蔵国分寺　福田信夫
53 古代出雲の原像をさぐる・加茂岩倉遺跡　田中義昭
54 縄文人を描いた土器・和台遺跡　新井達哉
55 古墳時代のシンボル・仁徳陵古墳　一瀬和夫
56 大友宗麟の戦国都市・豊後府内　玉永光洋・坂本嘉弘
57 東京下町に眠る戦国の城・葛西城　谷口榮
58 伊勢神宮に仕える皇女・斎宮跡　駒田利治
59 武蔵野に残る旧石器人の足跡・砂川遺跡　野口淳
60 南国土佐から問う弥生時代像・田村遺跡　出原恵三
61 中世日本最大の貿易都市・博多遺跡群　大庭康時
62 縄文の漆の里・下宅部遺跡　千葉敏朗
63 東国大豪族の威勢・大室古墳群〔群馬〕　前原豊
64 新しい旧石器研究の出発点・野川遺跡　小田静夫
65 旧石器人の遊動と植民・恩原遺跡群　稲田孝司
66 古代東北統治の拠点・多賀城　進藤秋輝
67 藤原仲麻呂がつくった壮麗な国庁・近江国府　平井美典
68 列島始原の人類に迫る熊本の石器・沈目遺跡　木﨑康弘
69 奈良時代からつづく信濃の村・吉田川西遺跡　原明芳
70 縄紋文化のはじまり・上黒岩岩陰遺跡　小林謙一
71 国宝土偶「縄文ビーナス」の誕生・棚畑遺跡　鵜飼幸雄
72 鎌倉幕府草創の地・伊豆韮山の中世遺跡群　池谷初恵
73 東日本最大級の埴輪工房・生出塚埴輪窯　高田大輔
74 北の縄文人の祭儀場・キウス周堤墓群　大谷敏三
75 浅間山大噴火の爪痕・天明三年浅間災害遺跡　関俊明
別02 ビジュアル版 旧石器時代ガイドブック　堤隆

◉第Ⅳ期　好評刊行中

76 遠の朝廷・大宰府　杉原敏之
77 よみがえる大王墓・今城塚古墳　森田克行
78 信州の縄文早期の世界・栃原岩陰遺跡　藤森英二
79 葛城の王都・南郷遺跡群　坂靖・青柳泰介
80 房総の縄文大貝塚・西広貝塚　忍澤成視
81 前期古墳解明への道標・紫金山古墳　阪口英毅
82 古代東国仏教の中心寺院・下野薬師寺　須田勉
83 北の縄文鉱山・上岩川遺跡群　吉川耕太郎
84 斉明天皇の石湯行宮か・久米官衙遺跡群　橋本雄一
85 奇異荘厳の白鳳寺院・山田寺　箱崎和久
86 京都盆地の縄文世界・北白川遺跡群　千葉豊
87 北陸の縄文世界・御経塚遺跡　布尾和史
88 東西弥生文化の結節点・朝日遺跡　原田幹
89 狩猟採集民のコスモロジー・神子柴遺跡　堤隆
90 銀鉱山王国・石見銀山　遠藤浩巳
91 「倭国乱」と高地性集落論・観音寺山遺跡　若林邦彦
別03 ビジュアル版 縄文時代ガイドブック　勅使河原彰
別04 ビジュアル版 古墳時代ガイドブック　若狭徹